青少年科学素质教育丛书

新科技改变生活

浙江省青少年科技教育协会
浙江省青少年科技创新协会 组织编写

蔡晨光 陈欢庆 赵国治 编 著

長江出版傳媒
湖北科学技术出版社

图书在版编目（CIP）数据

新科技改变生活 / 蔡晨光，陈欢庆，赵国治编著. -- 武汉：湖北科学技术出版社，2019.4

（青少年科学素质教育丛书）

ISBN 978-7-5352-9921-5

Ⅰ. ①新… Ⅱ. ①蔡… ②陈… ③赵… Ⅲ. ①科学技术－青少年读物 Ⅳ. ①N49

中国版本图书馆CIP数据核字(2019)第011037号

责任编辑：戴雅琪　严　冰　　　封面设计：喻　杨

出版发行：湖北科学技术出版社　　　电话：027-87679468

地　　址：武汉市雄楚大街268号　　　邮编：430070

（湖北出版文化城B座13-14层）

网　　址：http：//www.hbstp.com.cn

印　　刷：杭州临安宏伟印务有限公司　　　邮编：311300

880×1230　1/32　3印张　92千字

2019年4月第1版　　　2019年4月第1次印刷

定价：29.00元

《青少年科学素质教育丛书》
编辑委员会

本册编著：蔡晨光　陈欢庆　赵国治

插画设计：李徐超　徐丽红

前　言

我们生活在一个越来越依靠先进科学技术的时代。世界范围内日新月异的科学技术革命，促进了全球经济和社会的快速发展，人们的思维方式和生活方式也不断地发生重大变革。科学技术日益成为影响人们工作、生活的重要因素。国力的竞争主要体现在科技与教育的竞争，特别是优秀人才，已经成为世界各国竞争的焦点，提高国民整体科学文化和创新素养是一个国家在新时代发展的基础和前提。

习近平总书记曾反复强调“创新是民族进步的灵魂，是一个国家兴旺发达的不竭源泉，也是中华民族最深沉的民族禀赋”。他十分关注青少年们生机勃勃的科技创新活动，并给予充分肯定，强调提高中华民族的创新能力，把我国建设成为创新型国家，关键在人才，希望在青少年。党中央提出要把我国建设成为具有国际水平的创新型国家，提升青少年的科技创新素养是实现国家繁荣富强的要求。在青少年中开展科技创新和人工智能教育实践活动，对于培养青少年的创新和实践能力、提升其核心素养，使他们得到全面发展、主动创新发展具有重要意义。

本丛书内有多个人工智能科创探究项目，与科学技术、社会、生活相结合，让读者更好地理解人工智能为何“智能”，通过亲身实践，接触主控制板、传感器等实际应用，对“人工智能”有更加深刻的理解，从而拓展现代科技在生活中的创新应用。

当前，浙江省青少年人工智能科技创新活动已经取得了令人瞩目的成就。以学校教育为主体，社会各界支持参与的青少年科技创新活动发展迅速，组织机构逐步健全，青少年科技创新网络开始形成，设施和手段也日益增强，吸引了大量青少年参与科技创新活动，在一定程度上提高了青少年的科学素质。在浙江省科学技术协会的支持和指导下，浙江省青少年科技教育协会和浙江省青少年科技创新协会组织省内一批知名专家学者编撰了《新科技改变生活》《科学素养知识问答》等科普图书。本套丛书以图文并茂的形式、通俗易懂的语言介绍了丰富多彩的科学知识，突出了科学性和实用性，贴近实际，贴近生活，是青少年学习新知识、了解新动态、掌握新方法的好帮手，是一套优秀的科技（普）教程，也是“科普图书室”“农家书屋”“社区书屋”以及家庭必备的优秀书目。

本丛书倡导“动手与动脑相结合”，通过案例促使自主创新发明，锻炼创新思维、设计思维、计算思维，形成创意项目，对于提升大众科技素养具有促进作用。

在此，特别感谢浙江省科技协会以及各位关注科技创新朋友的大力支持，由于时间仓促，书中难免存在不足之处，望各位读者指正。

教授级特级教师　陈欢庆

2018 年 12 月

目　录

盆栽卫士

通过土壤湿度传感器来探测土壤中的湿度，再通过数模转换器转化成具体的数据，然后通过LCD屏反馈给我们。可应用在盆栽种植等场景。

创作器材

Arduino UNO板

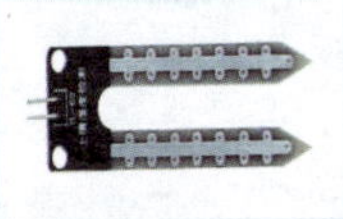
土壤湿度传感器

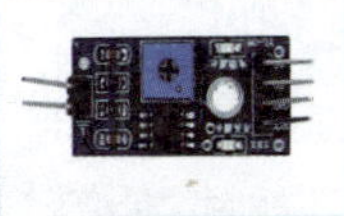
数模转换器

杜邦线

LCD屏

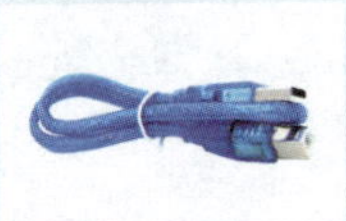
USB数据线

外观材料

创作步骤

1. 杜邦线连接数模转换器与土壤湿度传感器

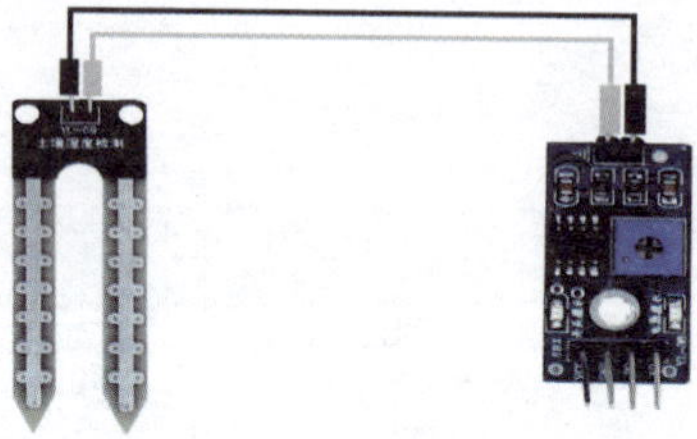

2. 数模转换器连接 UNO 板

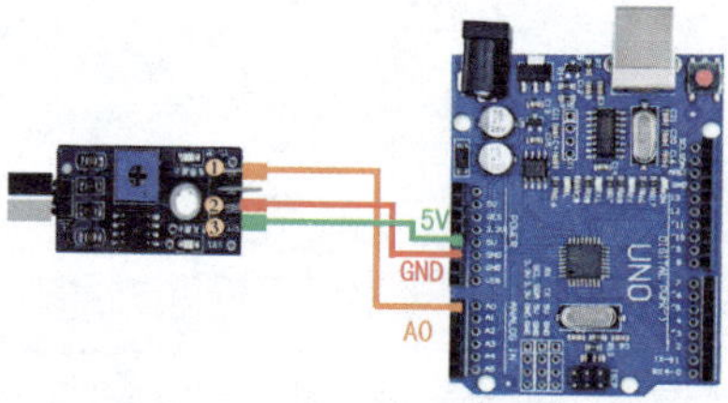

先用橙色杜邦线将数模转换器①与 UNO 板 A0 引脚相连；然后用红色杜邦线将数模转换器②与 UNO 板 GND 引脚相连；最后用绿色杜邦线将数模转换器③与 UNO 板 5V 引脚相连。

3. LCD 屏连接 UNO 板

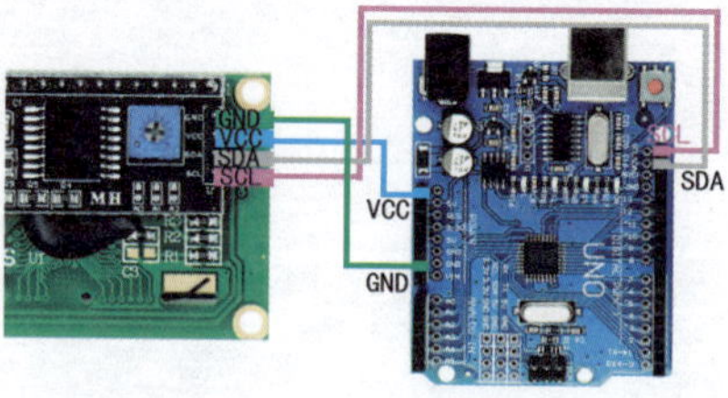

先用绿色杜邦线将LCD屏GND与UNO板GND引脚相连；然后用蓝色杜邦线将LCD屏VCC与UNO板VCC引脚相连；再用灰色杜邦线将LCD屏SDA与UNO板SDA引脚相连；最后用紫色杜邦线将LCD屏SCL与UNO板SCL引脚相连。

4. 固定连接口

用热熔胶将杜邦线与各连接处固定牢固。

5. 固定UNO板

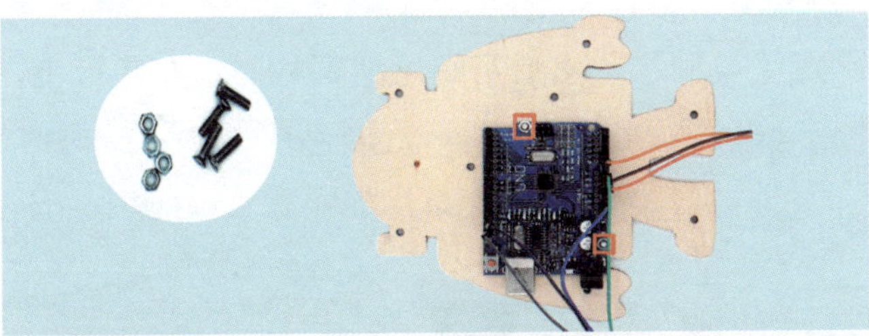

取出底板、螺丝和螺母，然后将UNO板用螺丝与螺母固定在底板上。

6. 固定数模转换器

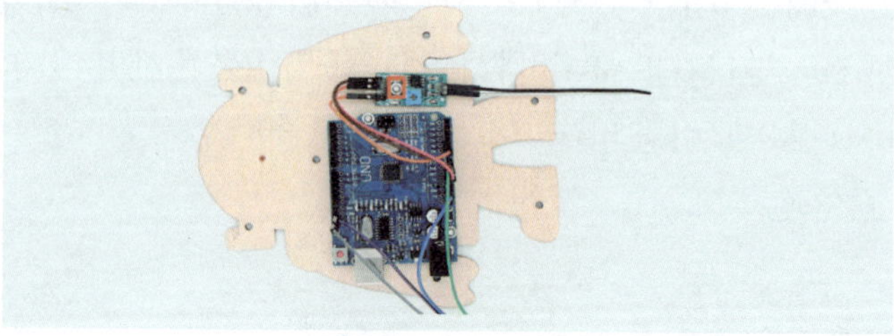

取出螺丝与螺母，将数模转换器固定在底板上。

7. 固定铜柱

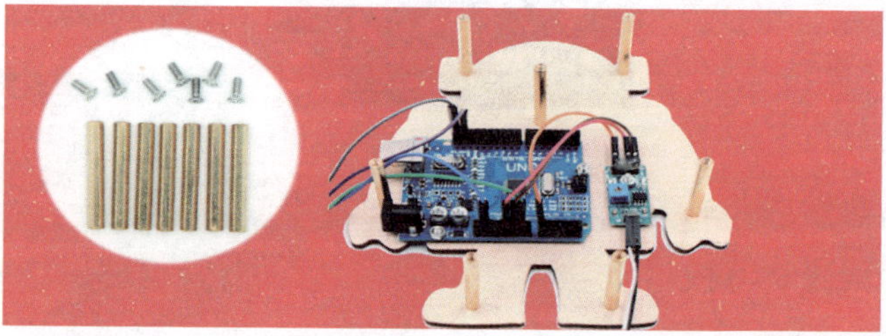

取出螺丝与铜柱，然后用螺丝把铜柱固定在底板上。

8. 固定LCD屏

取出螺丝、螺母、LCD液晶显示屏与前板，用螺丝与螺母将LCD屏固定在前板上。

9. 拼接外观

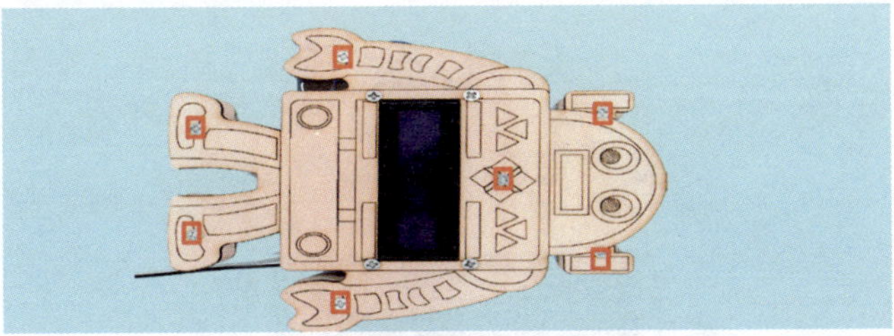

取出螺丝，然后将前板与底板对齐，接着用螺丝将两块板拼接起来。

10. 参考程序

天气盒子

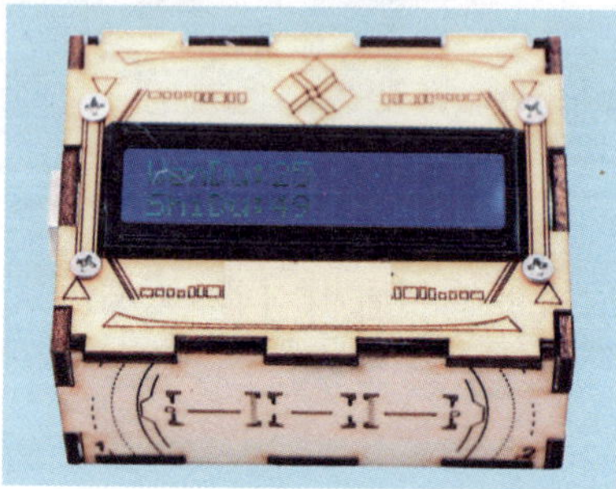

利用温湿度模块感知外界的温度和湿度，以此得到的温度和湿度数据会通过LCD屏显示。

创作器材

Arduino UNO板

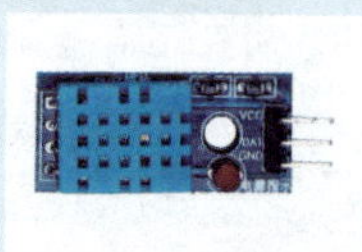

温湿度传感器

LCD屏

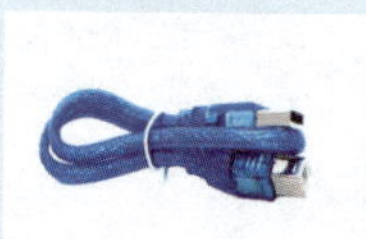

数据线

杜邦线

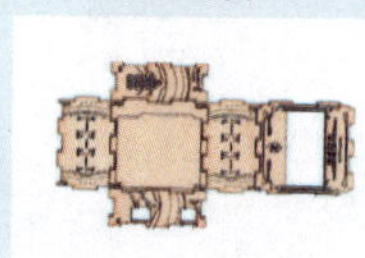

木板材料

创作步骤

1. 将温湿度模块与 UNO 板连接

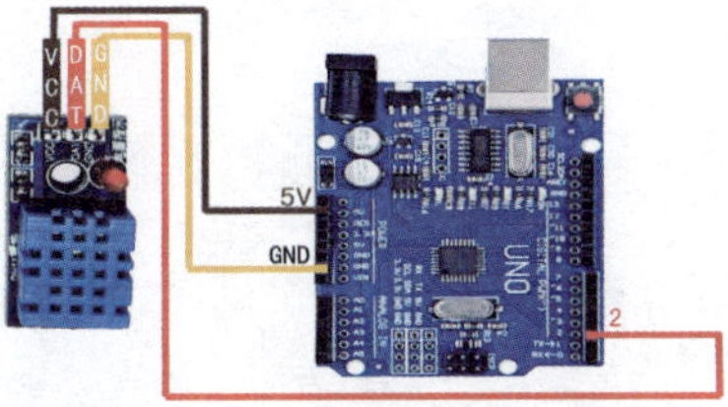

先用杜邦线将温湿度模块 VCC 与 UNO 板 5V 引脚相连；然后用杜邦线将温湿度模块 DAT 与 UNO 板数字口 2 引脚相连；最后用杜邦线将温湿度模块 GND 与 UNO 板 GND 引脚相连。

2. 将 LCD 显示屏与 UNO 板连接

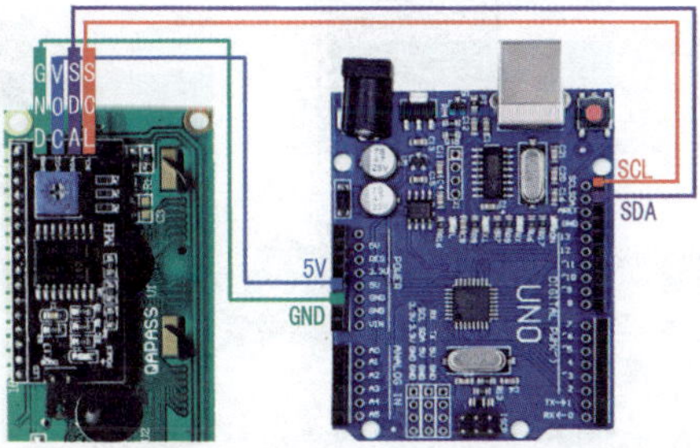

先用杜邦线将 LCD 屏 GND 与 UNO 板 GND 引脚相连；然后用杜邦线将 LCD 屏 VCC 与 UNO 板 5V 引脚相连；再用杜邦线将 LCD 屏 SDA 与 UNO 板 SDA 引脚相连；最后用杜邦线将 LCD 屏 SCL 与 UNO 板 SCL 引脚相连。

3. 固定UNO板处的连线

在杜邦线与各元器件的全部连接处涂抹热熔胶。

4. 拼接部分木板

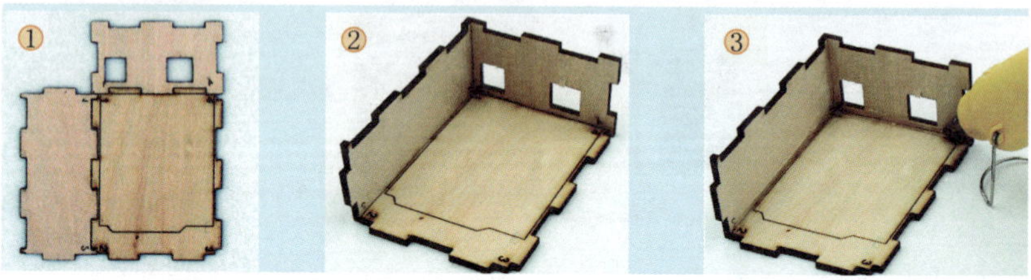

取出上图①所示的木板，拼接立起，然后在拼接处涂抹热熔胶。

5. 将UNO板固定于木板中

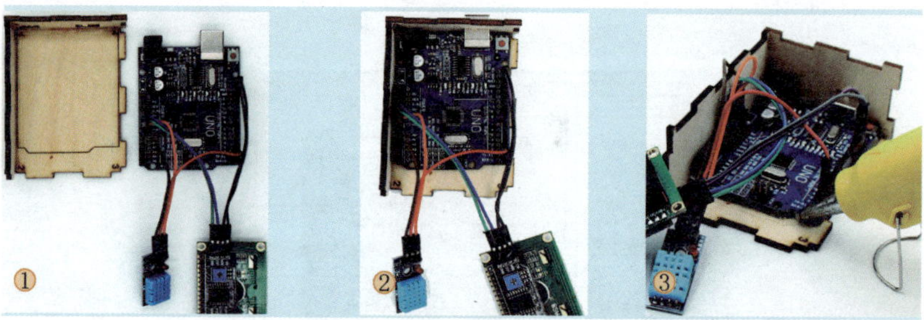

取出上图①所示的材料，将UNO板正确地放置于木板中，然后涂抹热熔胶固定。

6. 固定温湿度模块

取出右图①所示印有“2”“3”的木板以及螺丝，然后用螺丝安上温湿度模块，最后涂抹热熔胶固定。

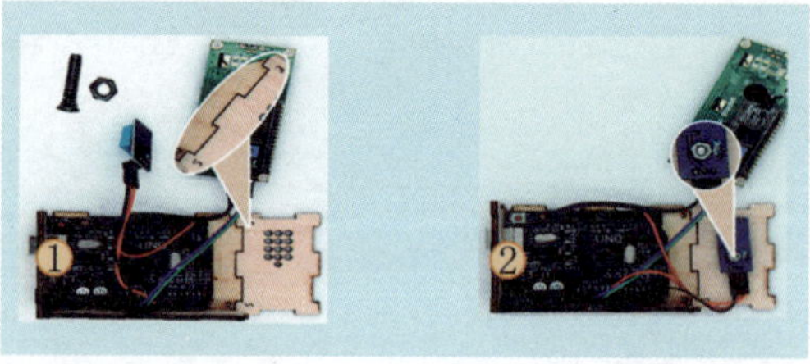

7. 固定温湿度模块木板

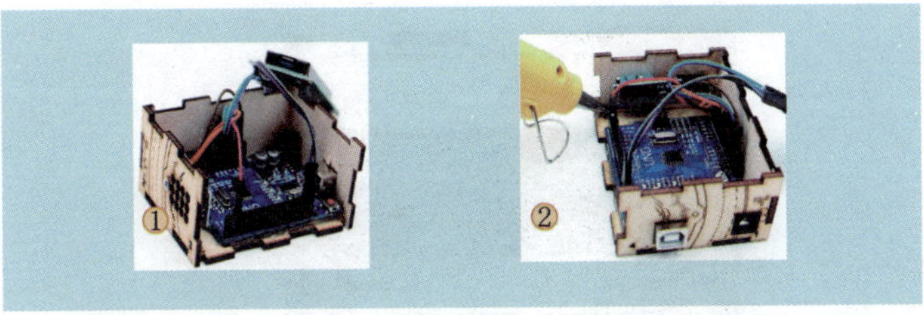

拼接带有温湿度传感器的木板，然后在拼接处涂抹热熔胶。

8. 拼接侧板

取出印有“3”“4”的木板，拼接后涂抹热熔胶。

9. 在顶板中嵌入LCD屏

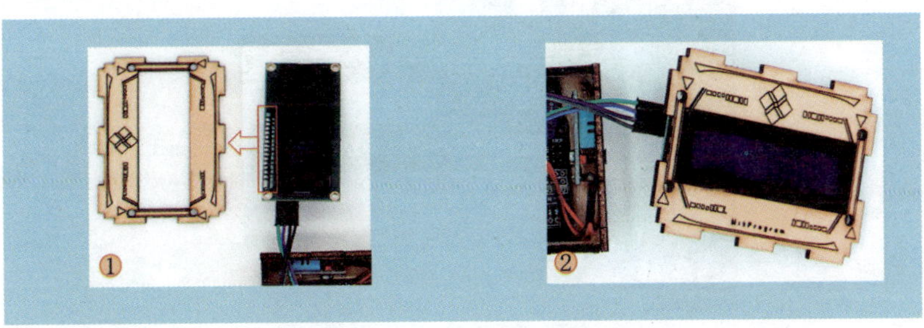

取出顶板，正确地将LCD屏嵌入顶板中。

10. 拼接顶板

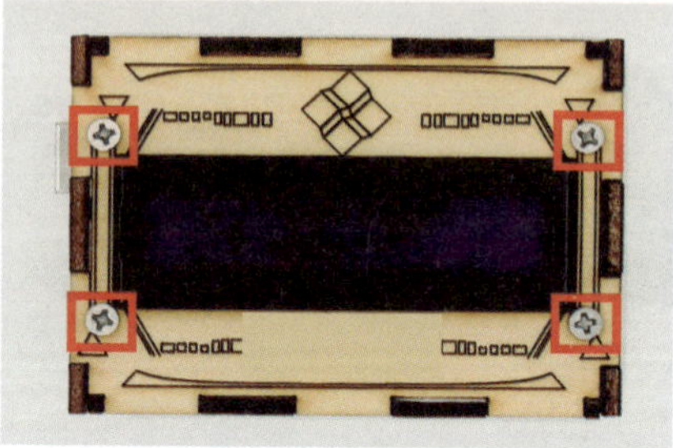

用螺丝固定LCD屏，然后将顶板扣在顶部。

11. 测试

用数据线连接UNO板与USB适配器口，LCD屏正常显示温度和湿度，测试成功。

12. 参考程序

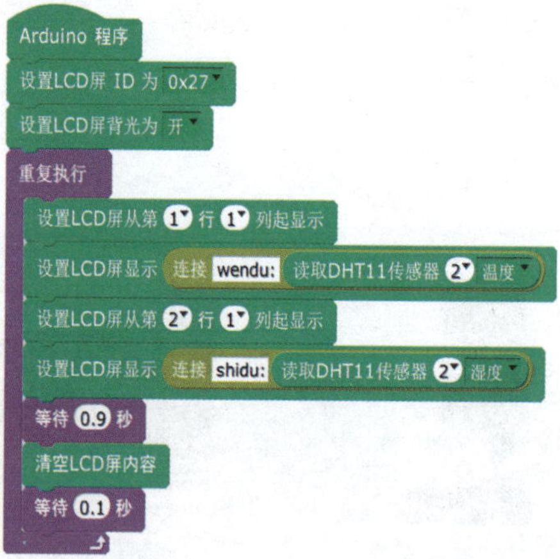

调速八音盒

利用八音盒机芯，当旋转电位器时，八音盒便会改变音乐速度，播放出不一样的音律，可以摆放在书桌上或者床头柜上。

创作器材

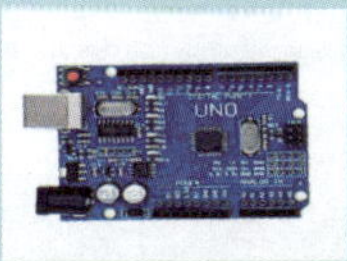

Arduino UNO板

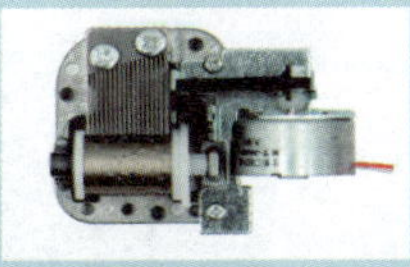

八音盒机芯

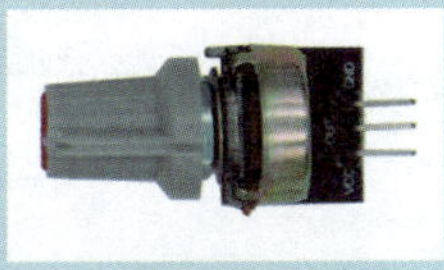

旋转电位器

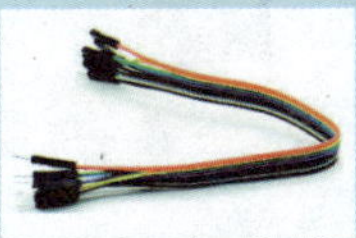

杜邦线

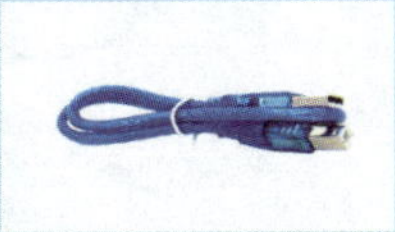

USB数据线

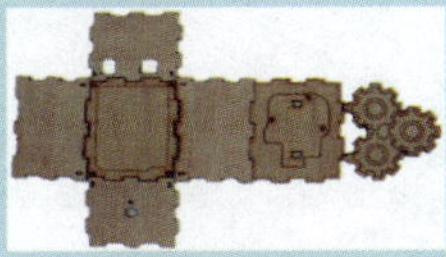

外观材料

创作步骤

1. 电位器的接线

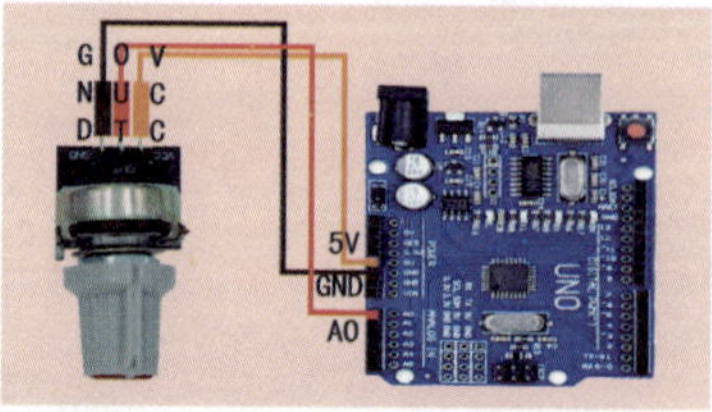

2. 组装电位器

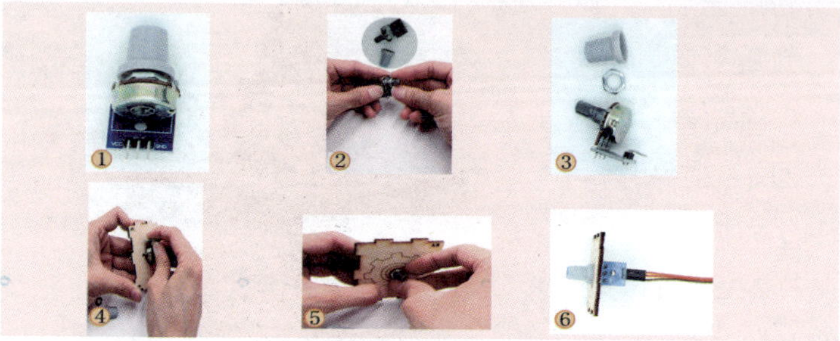

取出电位器帽子，然后拧出螺母。将电位器对准木板孔位安装，在有雕刻的一面拧上螺母，然后套上电位器帽子。

3. 组装部分木板外观

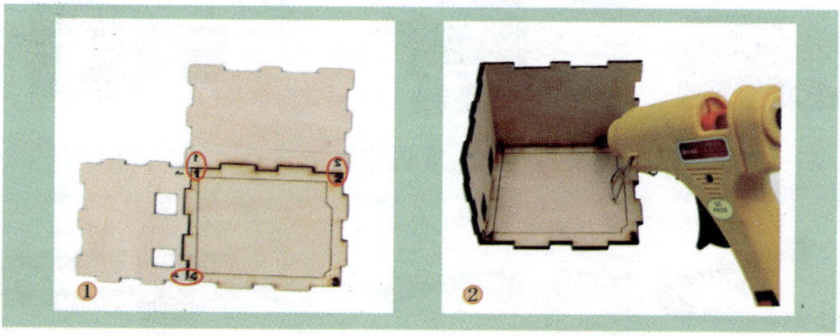

找准编号，然后立起 3 个木板，接着在拼接处涂抹热熔胶。

4. 组装UNO板

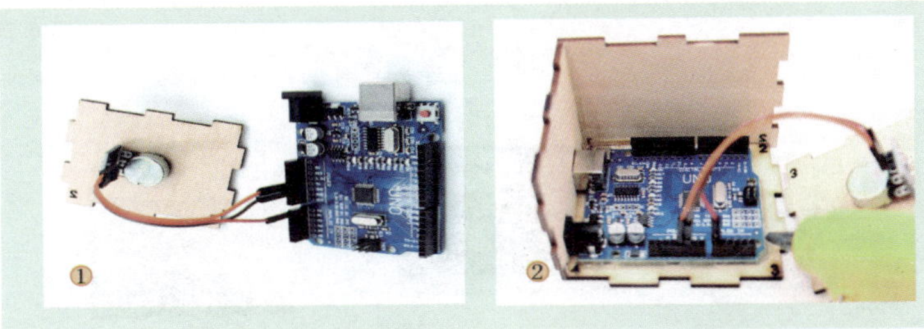

取出已经接好线的UNO主板，放置在之前组装好的木板上，并涂抹热熔胶固定。

5. 组装八音盒机芯

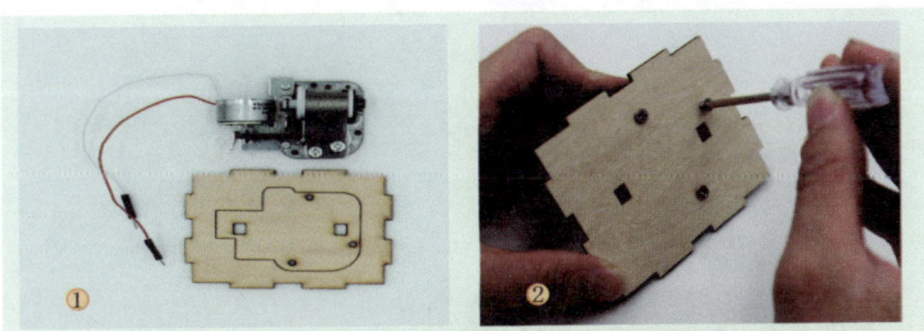

取出上图中的母板和八音盒机芯，然后将机芯放置在木板刻图上，并拧上螺丝。

6. 八音盒机芯的接线及固定

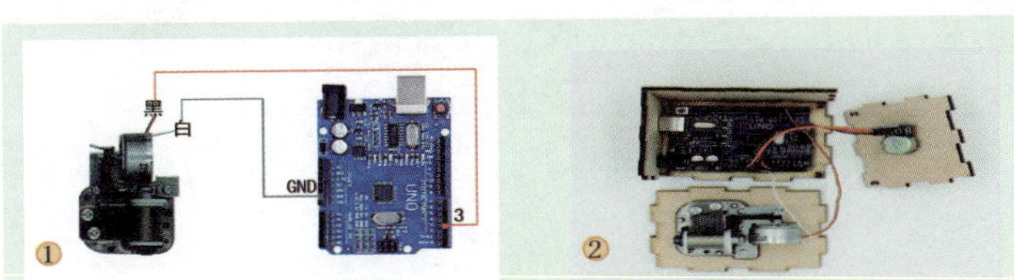

连接好八音盒机芯的电线，然后用热熔胶将杜邦线与各连接处固定。

7. 组装八音盒

按照编号，将八音盒外观组装完成，并涂抹热熔胶。注意八音盒马达部分和电位器位置相反。

8. 组装齿轮饰品

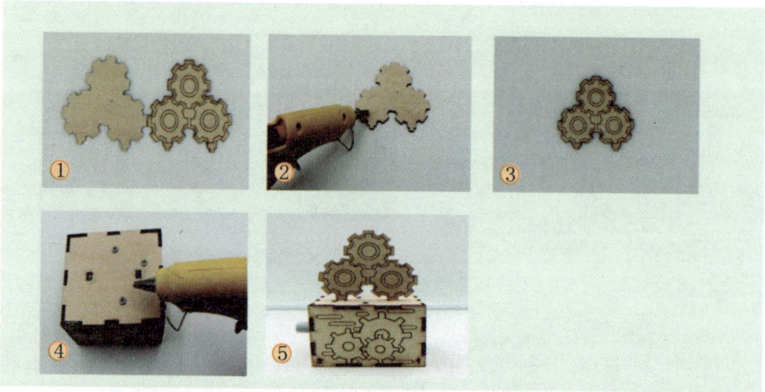

取出上图①两块木板饰品，在没有雕刻图案的一面上涂胶，并将两块木板贴在一起。

在盒子的孔上涂抹热熔胶，并将齿轮饰品安装固定。

9. 参考程序

侦测精灵

通过超声波传感器感应到物体接近时便会使LED灯闪烁提醒。超声波传感器可以侦测一定距离内的物体，可以用于调整孩子写作坐姿。

创作器材

Arduino UNO板

LED灯

超声波传感器

杜邦线

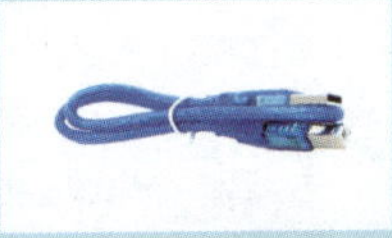

USB数据线

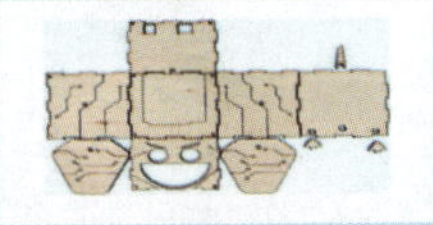

外观材料

创作步骤

1. 超声波传感器的接线

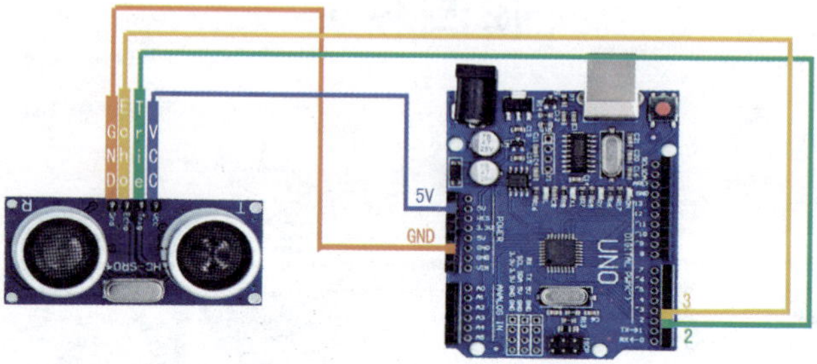

2. LED 灯的连线

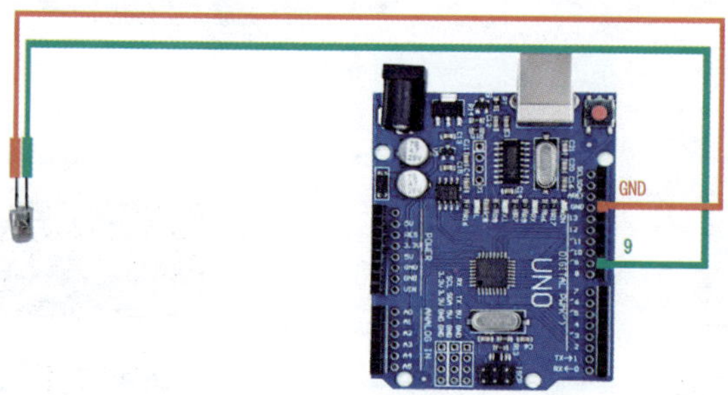

3. 固定连接口

涂抹热熔胶把杜邦线与元器件的连接处固定。

4. 拼接外观

取出底板、左侧板与后板，然后将三块板拼接起来，接着涂抹热熔胶固定。

5. 固定UNO板

取出UNO板，将UNO板摆放进去后沿边缘贴齐，然后涂抹热熔胶固定UNO板。

6. 固定超声波传感器

取出前板，将超声波传感器放入前板的“眼睛”内，然后涂抹热熔胶固定。

7. 固定前板、右侧板

将前板与主体拼接起来后，涂抹热熔胶固定。取出右侧板，将右侧板与主体拼接起来，然后用热熔胶固定。

8. 固定LED灯

取出顶板，并找到LED灯，将LED灯插入顶板的小孔中，接着用热熔胶固定。

9. 固定顶板、“耳朵”和“尾巴”

将顶板合上，现在我们能看到一个初步完成的侦测精灵。

取出“耳朵”和“尾巴”，并拼接好，然后涂抹热熔胶固定“耳朵”与“尾巴”。

10. 固定脚部板

取出脚部板与铆钉，用铆钉将腿部板固定到主体上，然后按压铆钉，固定腿部，另一侧同。

11. 参考程序

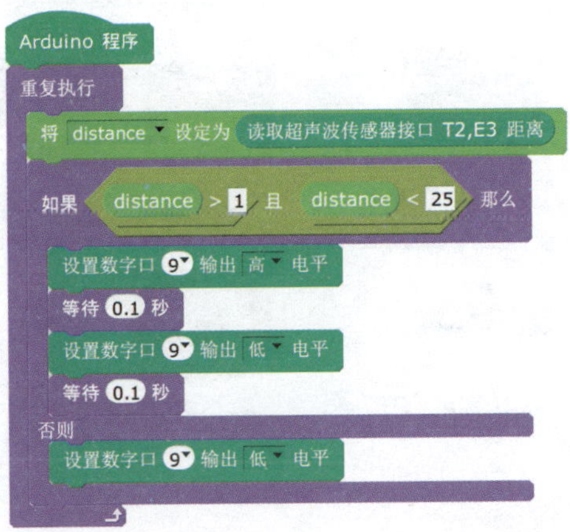

粉尘检测仪

利用粉尘传感器侦测，当检测仪置于空气中时，LCD 屏便会显示当前的空气质量，可以摆放在客厅里或门口处。

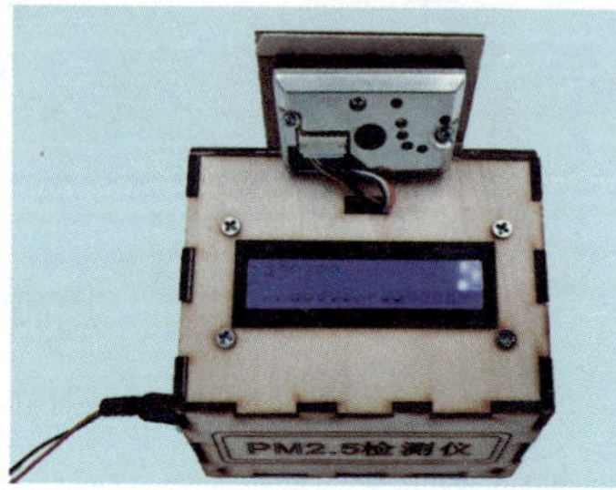

创作器材

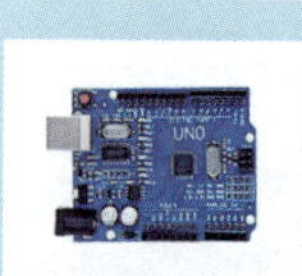
Arduino UNO板

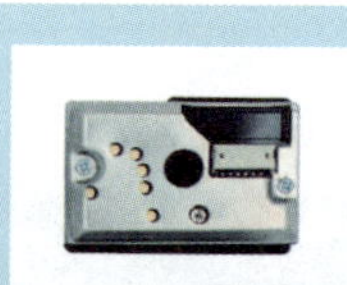
PM2.5传感器

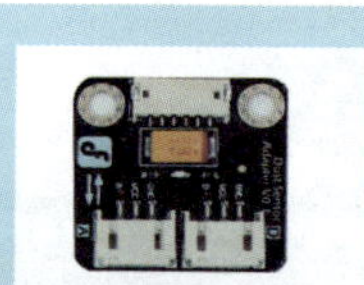
粉尘传感器转接模块

LCD屏

杜邦线

USB数据线

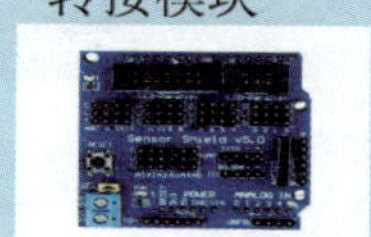
UNO扩展板

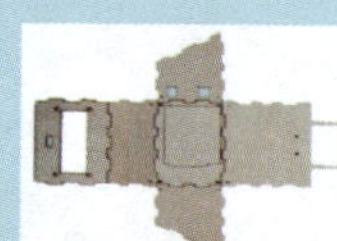
外观材料

创作步骤

1. 将扩展板安装在UNO板上

取出扩展板，对准插在UNO板上，扩展板的0～5数据口应对应UNO板的A0～A5模拟口。

2. 粉尘传感器转接模块的接线

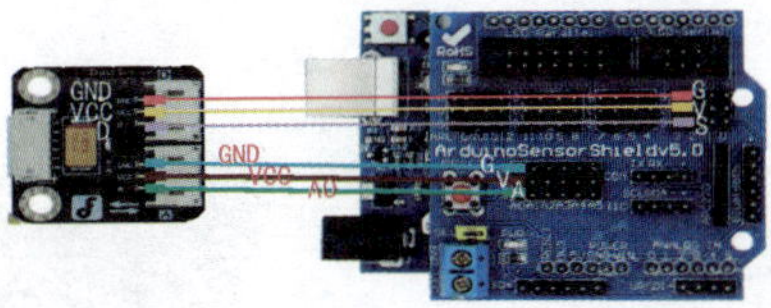

3. LCD 屏的接线

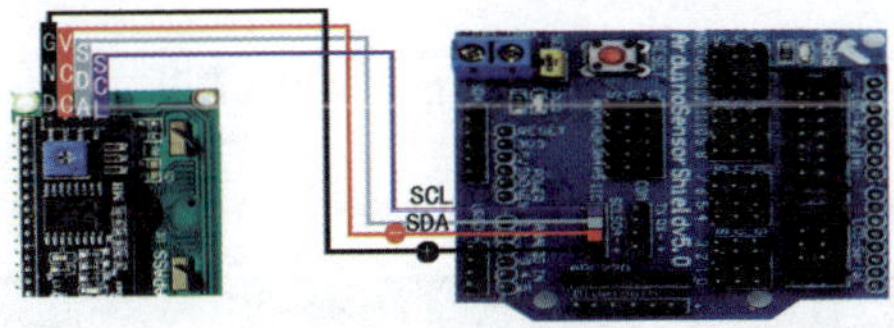

4. 粉尘传感器转接模块和 PM2.5 传感器的组装

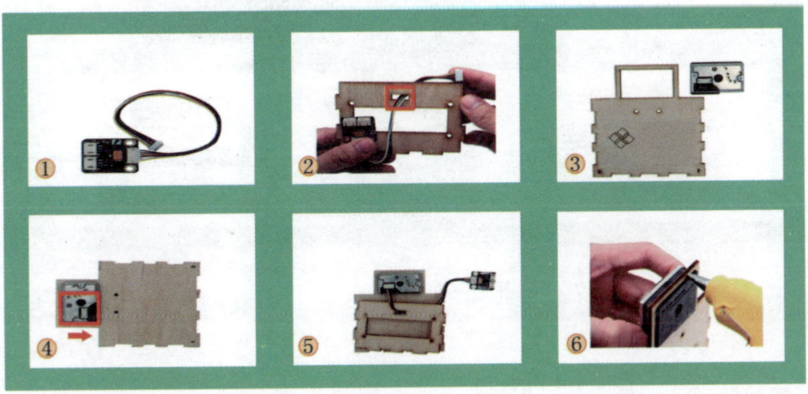

(1)取出六针数据线，接在粉尘传感器转接模块上，然后将六针数据线穿过木板的方孔。

(2)取出上图中的木板，然后拿出粉尘传感器转接模块并扣进孔位。

(3)把另一端的六针数据线接到 PM2.5 传感器上，接着在上图所示位置涂抹热熔胶。

5. 组装侧板

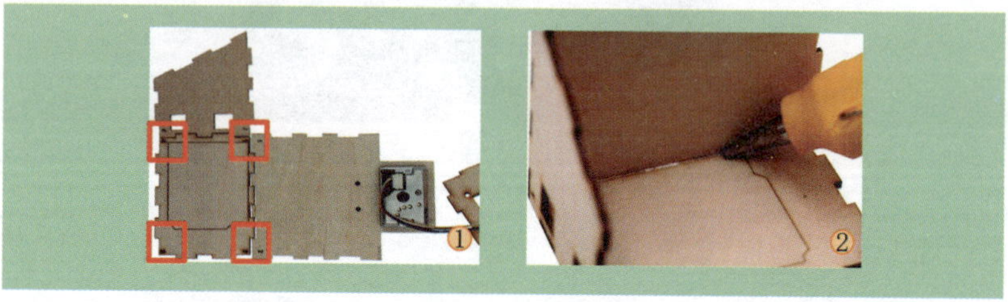

找准编号，然后立起 3 个木板，接着在拼接处涂抹热熔胶。

6. 组装元器件

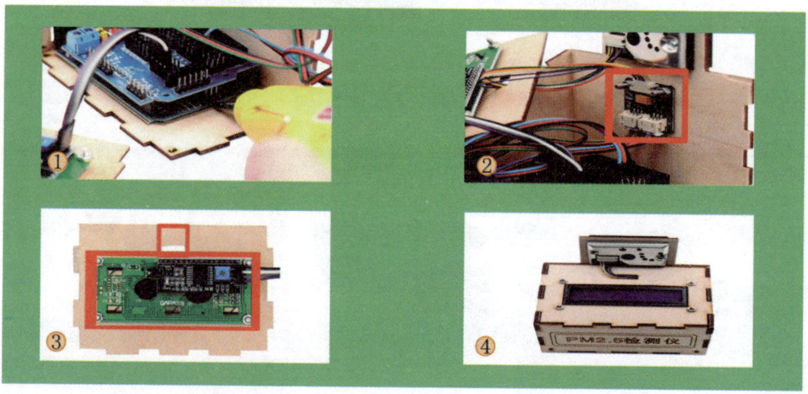

(1)将主板放置在之前组装好的木板上，并涂抹热熔胶固定。

(2)将粉尘传感器转接模块固定在板的上方，用螺丝拧紧。

(3)找准方向，将 LCD 屏扣进木板预留位，用螺丝固定。

(4)找准前板方向后拼接上，然后用热熔胶固定前板，接着如上图④所示将其扣上。

7. 调节 LCD 屏亮度

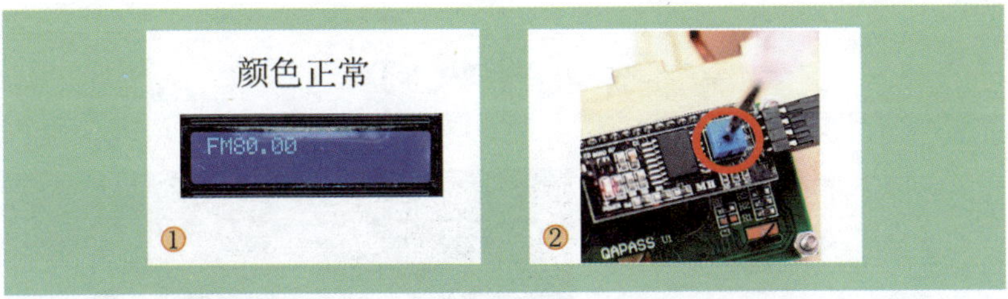

通过调节 LCD 屏后面的电阻来调节显示屏的亮度，颜色深时逆时针旋转，颜色浅时顺时针旋转。

8. 插电测试完成作品

9. 参考程序

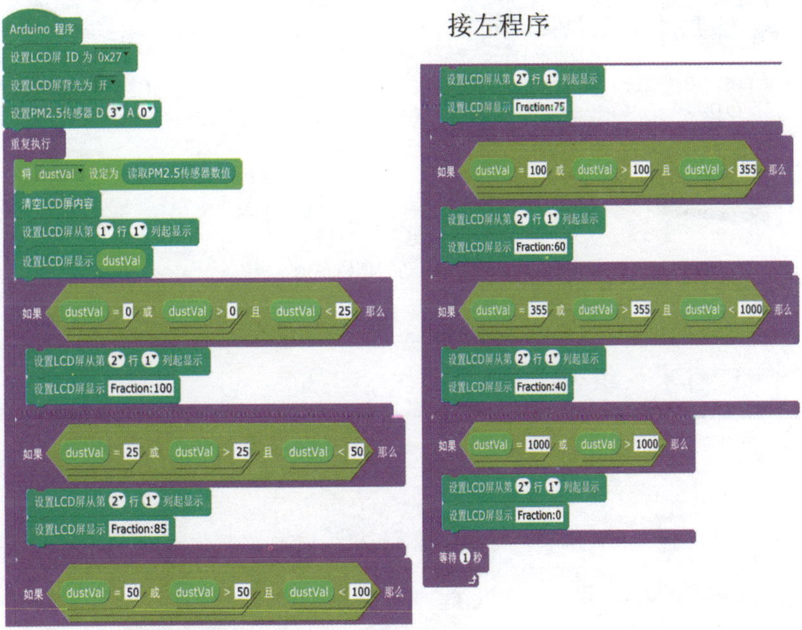

智能呼吸灯

利用红外传感器感应，当有物体经过呼吸灯正前方时，LED灯便自动点亮，可以摆放在房间内的床头柜上用于照明。

创作器材

Arduino UNO板

舵机

灯珠串

红外光电开关

杜邦线

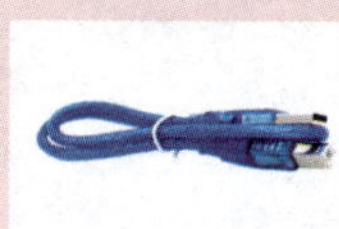
USB数据线

UNO盒子 木条

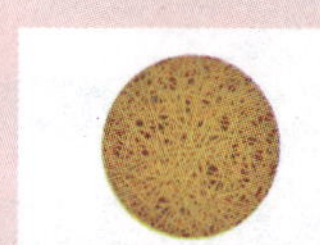
藤球灯罩

创作步骤

1. 将木条组合成“T”形柱

①

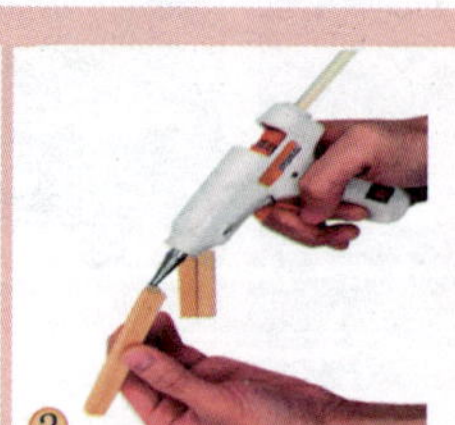
②

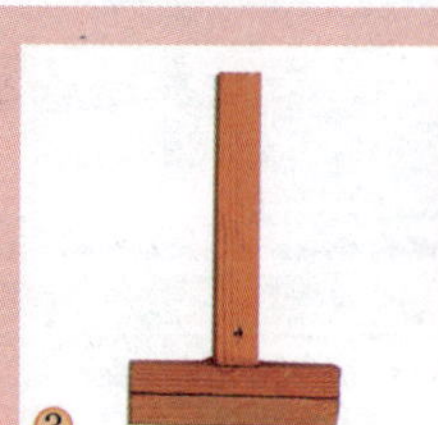
③

取出两根短木条，并在其中一根木条上涂抹热熔胶，然后对齐并挤压在一起。

取出长木条并涂抹热熔胶，然后将长木条按上图所示组成“T”形柱。

2. 将UNO板装入亚克力盒

取出UNO板和亚克力盒，然后将UNO板装入亚克力盒中。

3. 缠绕灯珠串

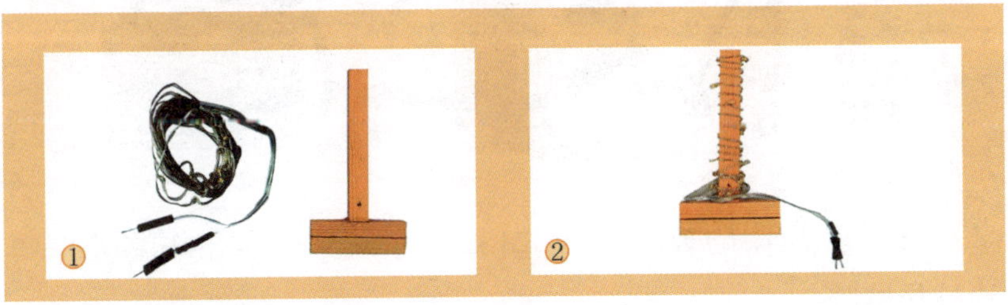

取出灯珠串与“T”形柱，将灯珠串自上而下缠绕在“T”形柱上。

4. 将“T”形柱粘贴到亚克力盒上

取出UNO板(带盒)与“T”形灯柱，然后在“T”形灯柱底部涂抹热熔胶，放置于UNO板(带盒)顶面中部。

5. 灯珠串的接线

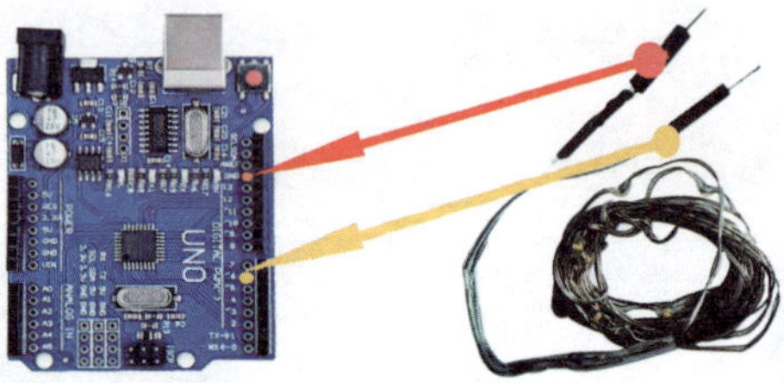

6. 将红外传感器粘贴到亚克力盒上

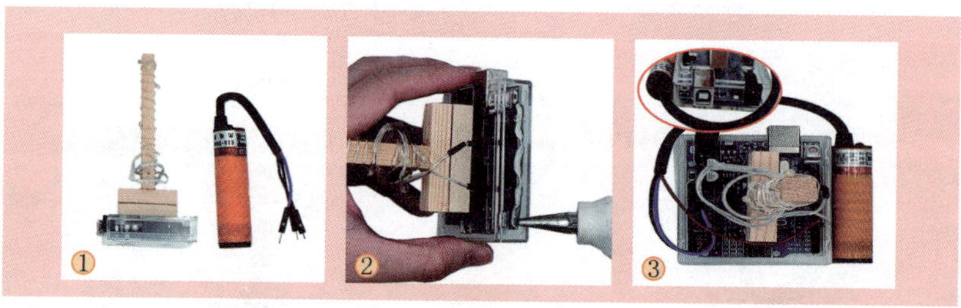

取出上图①所示材料，拿起UNO盒子，在靠近USB口的那一侧涂抹热熔胶。

看准方向，将红外传感器放置在涂抹的热熔胶上。

7. 红外传感器的接线

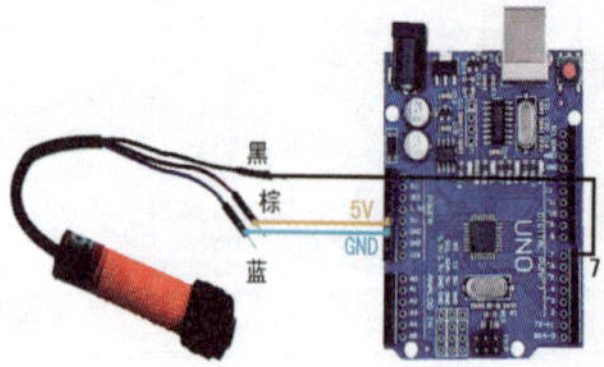

8. 延长舵机线并连接UNO板

如上图①所示将橙色舵机线与红色杜邦线相连接；将红色舵机线与棕色杜邦线相连接；将棕色舵机线与黑色杜邦线相连接。

如上图②所示将黑色杜邦线与GND引脚相连接；将棕色杜邦线与5V引脚相连接；将红色杜邦线与5引脚相连接。

9. 缠绕舵机线、固定舵机与安装舵臂

在“T”形柱顶部涂抹热熔胶，然后将舵机粘在涂抹热熔胶的地方，接着把“十”字形舵臂扣在舵机上并用螺丝固定。

10. 放置灯罩

取出灯罩，然后在“十”字形舵臂上涂抹热熔胶，接着放置灯罩，注意保持灯罩在整体中心的位置。

11. 测试和固定接线

将数据线两端口分别插入UNO板与USB接口，即可看到效果，最后用热熔胶固定接线。

12. 参考程序

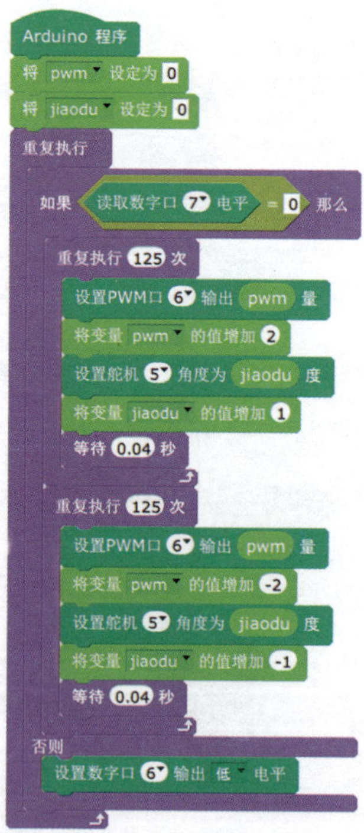

怀旧收音机

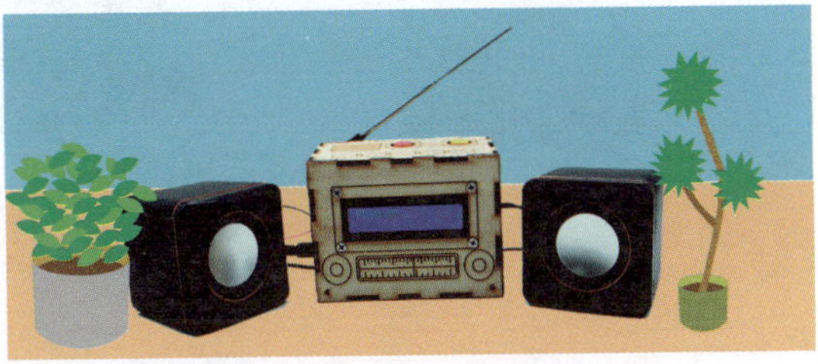

通过天线接收到的高频信号，由收音机解码模块处理，经检波（解调）还原成音频信号，通过按钮可调节音频，赶紧来试试自制的收音机吧！

创作器材

Arduino UNO板

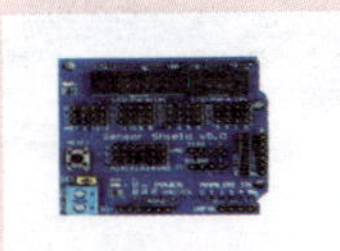

UNO扩展板

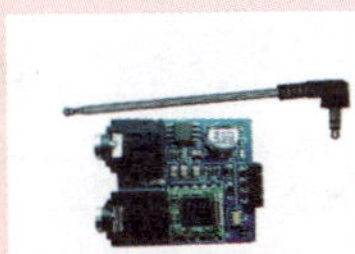

收音机解码模块、天线

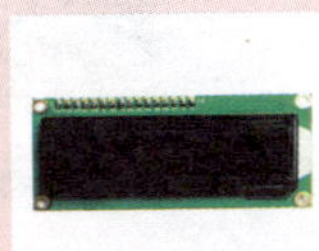

LCD屏

杜邦线

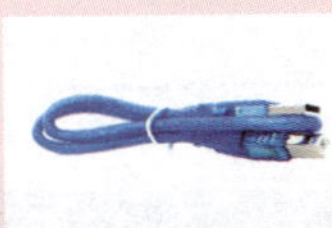

USB数据线

按钮模块

激光雕刻材料

创作步骤

1. UNO板与UNO扩展板连接

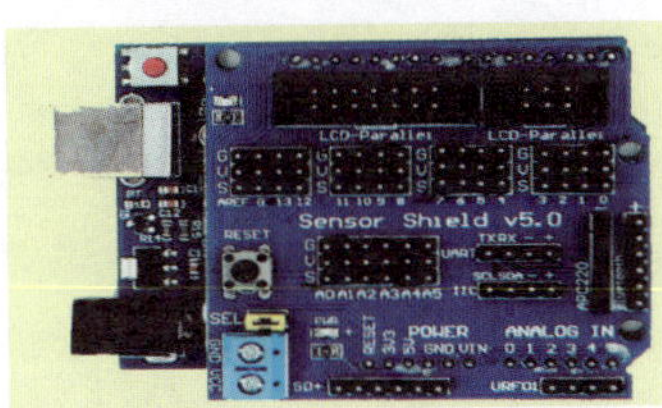

2. 收音机解码模块连线

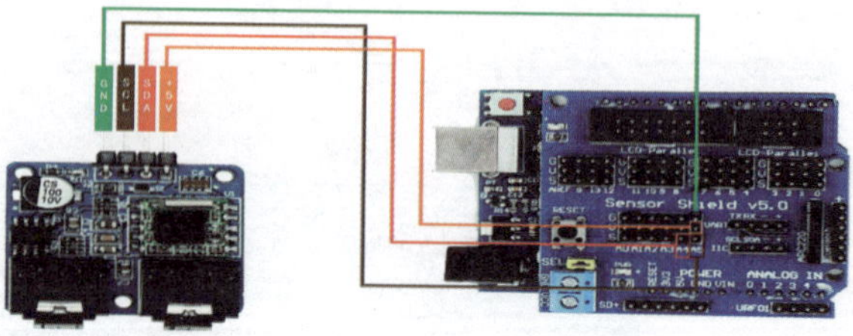

3. 黄色按钮连线

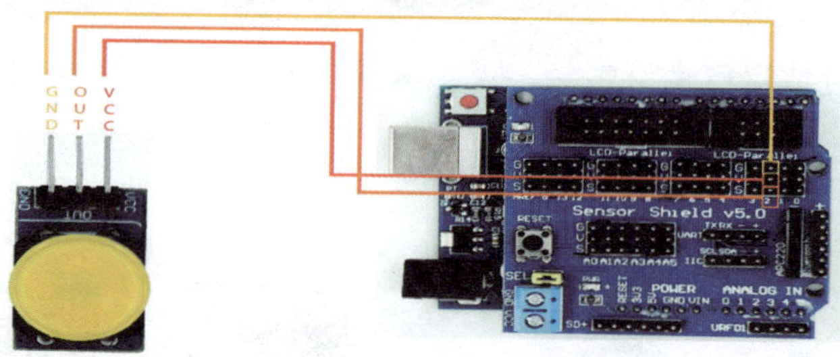

4. 红色按钮连线

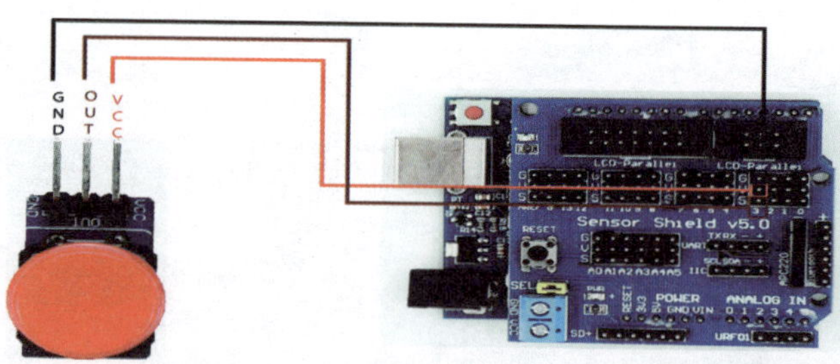

5. LCD 屏连线

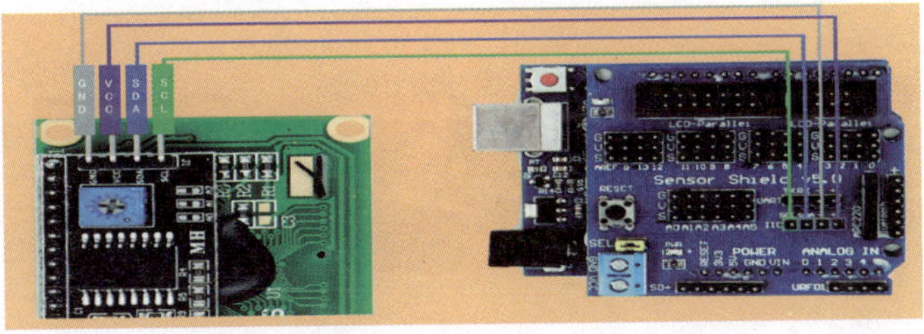

6. 激光雕刻盒子拼接

取出木板，然后拼接出上图①中的效果。

将另外两块木板连接起来，拼接出上图③中的效果，然后用热熔胶固定。

7. 固定编程主板

取出编程主板，将主板放置在图②中位置，然后用热熔胶固定。

8. 固定上部模块

取出收音机解码模块、红色按钮模块以及黄色按钮模块，然后按上图①顺序放置，方便依次用热熔胶固定。

依次用热熔胶固定收音机解码模块、红色按钮模块以及黄色按钮模块，然后在所有杜邦线与元器件的接线处涂抹热熔胶。

9. 固定顶板

取出顶板，将顶板盖在顶部，接着用热熔胶固定。

10. 固定并调节 LCD 屏

取出前板、螺丝、螺母以及 LCD 屏，将 LCD 屏装进前板，然后用螺丝固定。

通电后，用螺丝刀调节 LCD 屏后面的电阻来调节显示屏的亮度。颜色深时逆时针旋转，颜色浅时顺时针旋转。

11. 测试作品

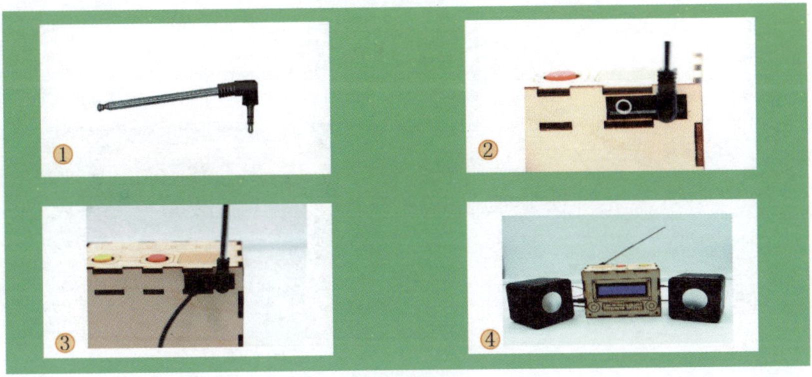

取出天线，将其连接到后板中收音机解码模块露出的小孔当中。

将音响连接到后板中收音机解码模块露出的小孔中，接上电源，然后用按钮选择喜欢的电台吧。

12. 参考程序

接左程序

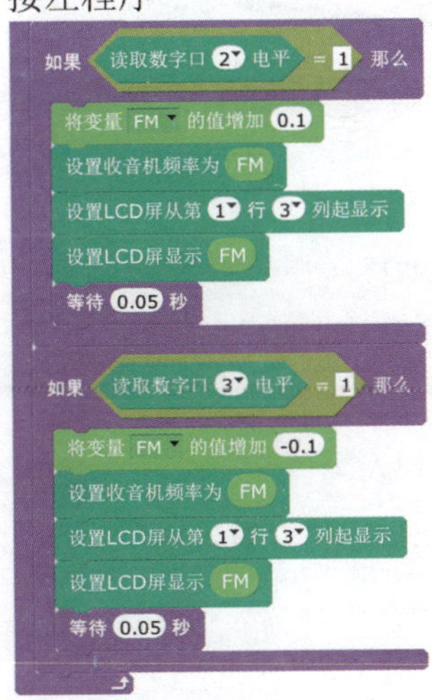

过道灯带

通过人体感应传感器感应到人体接近时便会使LED灯带照亮提醒，是家庭夜晚的必备神器。

创作器材

Arduino UNO板

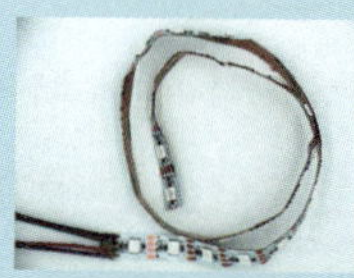

LED灯带

人体感应传感器

杜邦线

USB数据线

外观材料

创作步骤

1. LED灯带的接线

(1) 拿出LED灯带，按右图示找到蓝色、红色、绿色以及黑色连接线。

(2) 拿出UNO板，找到数字口8、9、10以及11的引脚。

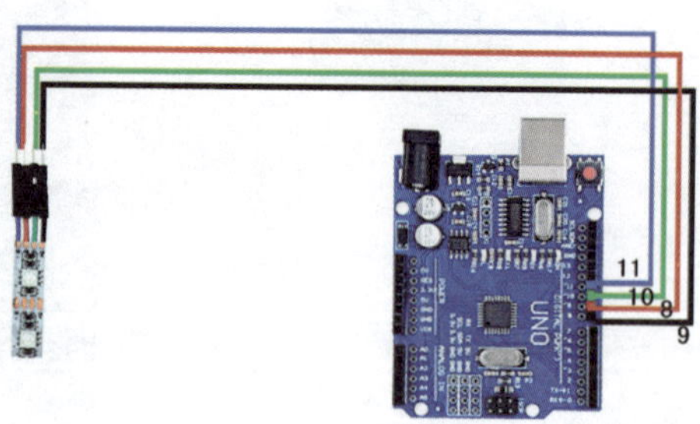

(3)拿出黑色杜邦线的另一头并插在数字口 8 的引脚上；拿出红色杜邦线的另一头并插在数字口 9 的引脚上；拿出绿色杜邦线的另一头并插在数字口 10 的引脚上；拿出蓝色杜邦线的另一头并插在数字口 11 的引脚上。

2. 人体感应传感器的连线

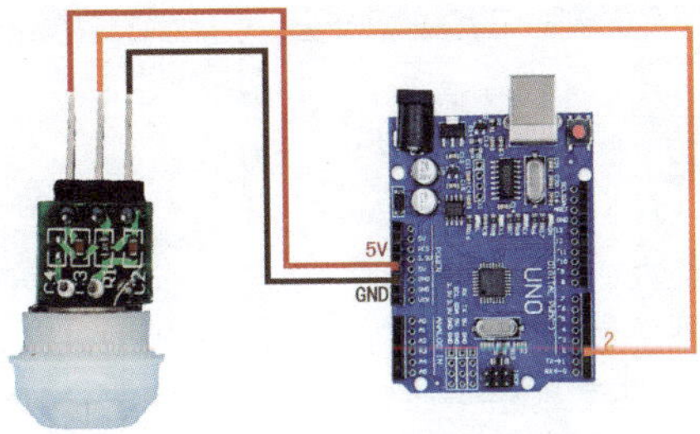

(1)拿出人体感应传感器，按右图摆放，并找到三针引脚。

(2)拿出红色杜邦线、橙色杜邦线和棕色杜邦线依次从左到右插到针脚上。

(3)拿出 UNO 板，找到数字口 2 引脚、GND 引脚以及 5V 引脚。

(4)拿出红色杜邦线的另一头并插在 5V 引脚上；拿出橙色杜邦线的另一头并插在数字口 2 引脚上；拿出黑色杜邦线的另一头并插在 GND 引脚上。

3. 固定连接口

涂抹热熔胶将杜邦线与元器件的连接处固定。

4. 拼接外观并固定好 UNO 板

取出底板、左侧板与后板，然后将三块板拼接起来，接着涂抹热熔胶固定。注意木板角落序号的匹配。

取出UNO板，将UNO板摆放进去后往边缘贴齐，然后涂抹热熔胶固定UNO板。

5. 固定右侧板

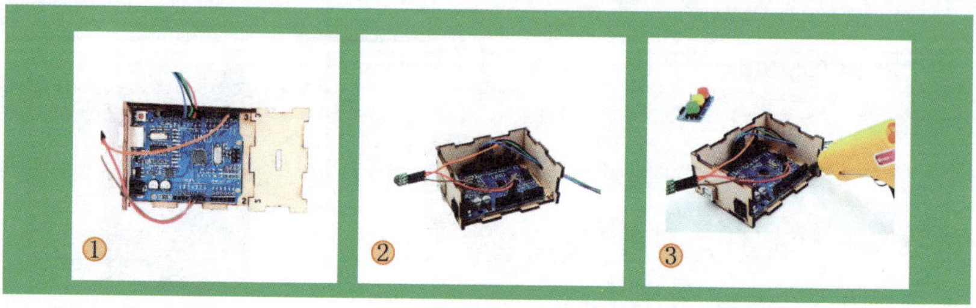

取出右侧板，将LED灯带穿过右侧板的小孔并将右侧板拼合，然后涂抹热熔胶固定。

6. 固定前板

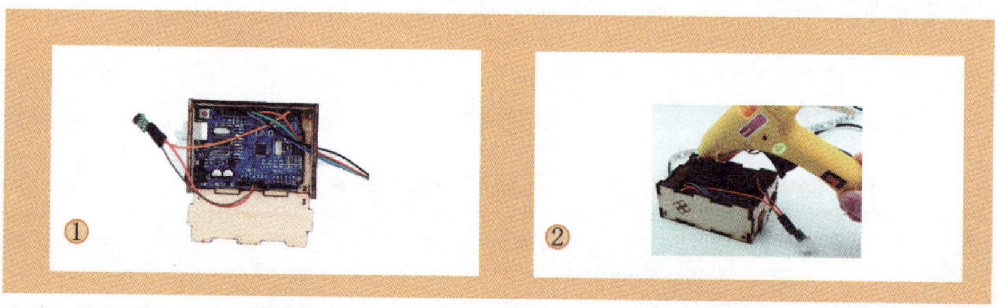

将前板与主体拼接起来后，涂抹热熔胶固定。

7. 固定人体感应传感器

取出前板，将人体感应传感器放入前板的小孔中，然后用热熔胶固定，并合上前板。

8. 参考程序

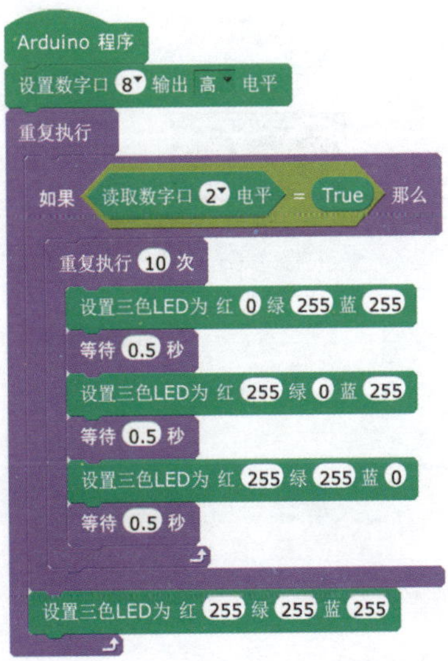

智能工具盒

利用超声波传感器感应，当挥手经过超声波传感器前，智能工具盒的顶板便旋转打开，再于同样位置挥手则令其自动合上。可作为文具盒使用。

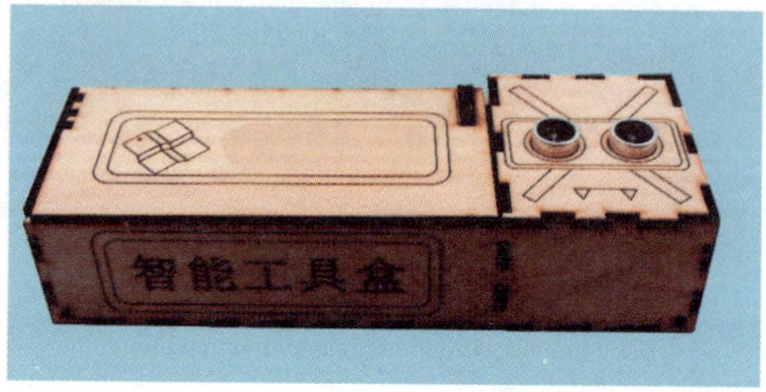

创作器材

Arduino UNO板

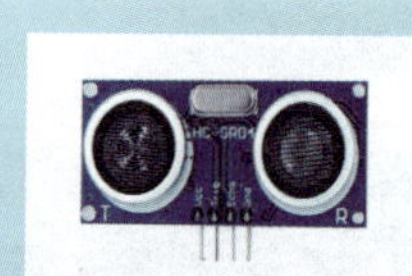
超声波传感器

舵机

杜邦线

USB数据线

外观材料

创作步骤

1. 连接超声波传感器与UNO板

（1）取出超声波传感器，按下页上图摆放，找到VCC、Trig、Echo和GND引脚。

（2）取出黄色杜邦线，插在VCC引脚；取出绿色杜邦线，插在Trig引脚；取出蓝色杜邦线，插在Echo引脚；取出紫色杜邦线，插在GND引脚。

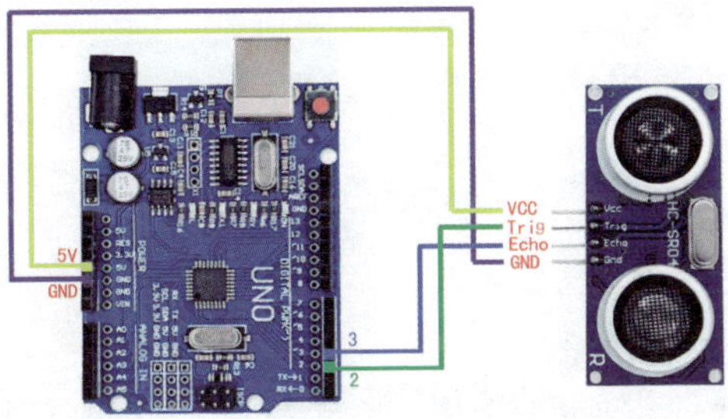

（3）取出UNO板，按图摆放，找到5V、GND、数字口2和3引脚的位置。

（4）将黄色杜邦线的另一头插在UNO板的5V引脚；绿色杜邦线的另一头插在UNO板的数字2引脚；蓝色杜邦线另一头插在UNO板的数字3引脚；紫色杜邦线的另一头插在UNO板的GND引脚。

2. 连接舵机与UNO板

(1)取出舵机，按下图摆放。

(2)取出棕色杜邦线，插在舵机的棕色杜邦线的引脚；取出红色杜邦线，插在舵机的红色杜邦线的引脚；取出橙色杜邦线，插在舵机的橙色杜邦线的引脚。

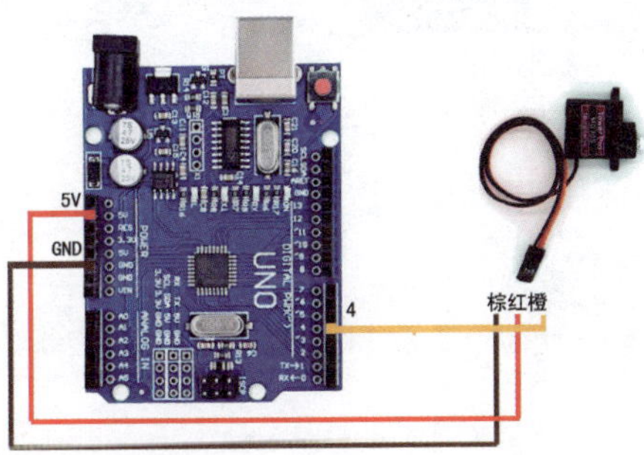

(3)取出UNO板，按图摆放，找到5V、GND、数字口4引脚的位置。

(4)将棕色杜邦线的另一头插在UNO板的GND引脚；红色杜邦线的另一头插在UNO板的5V引脚；橙色杜邦线的另一头插在UNO

板的数字 4 引脚。

3. 拼接部分木板

取出上图①所示木板，拼接立起后涂抹热熔胶。

取出印有“2”的木板，如上图③所示拼接立起后涂抹热熔胶。

4. 安装 UNO 板、舵机

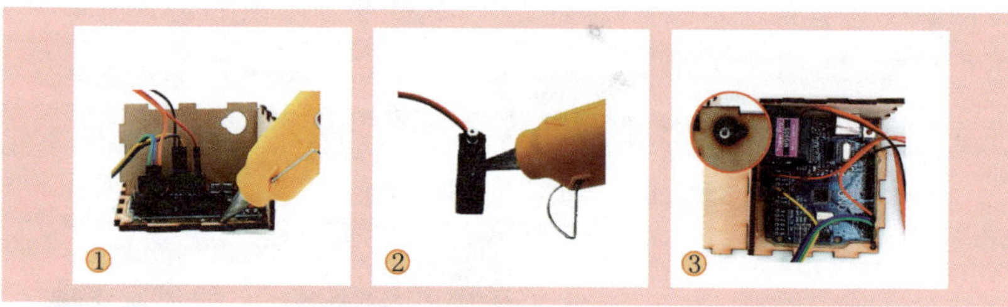

取出 UNO 板以及连接其中的元器件，按上图①所示放置并涂抹热熔胶。

在舵机上涂抹热熔胶，接着将其嵌入上图③所示的位置。

5. 拼接右侧板

取出印有“2”“3”的木板，拼接立起后涂抹热熔胶。

6. 安装超声波传感器

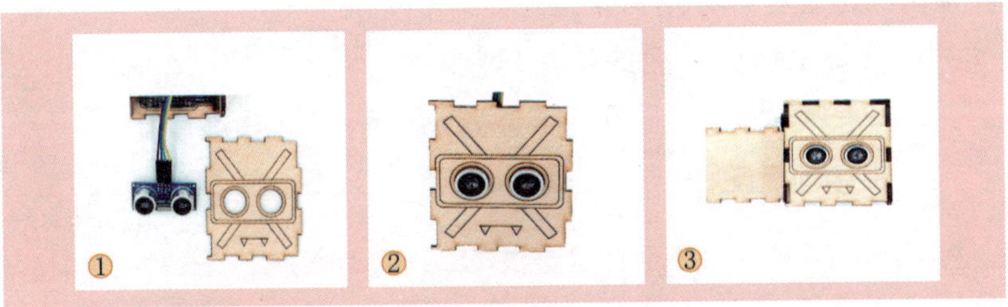

取出上图①所示的木板，接着将超声波传感器嵌入木板预留的孔洞中，最后将木板按上图③所示进行拼接。

7. 拼接前板

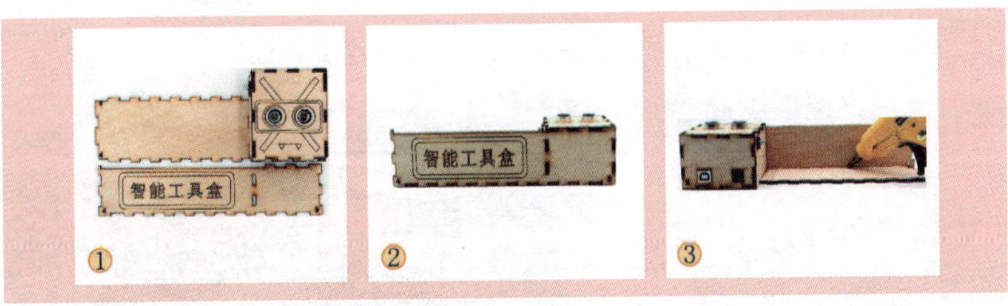

取出印有“智能工具盒”的木板，按上图所示进行拼接后再涂抹热熔胶。

8. 安装舵臂

取出上图①所示的两块木板，重叠后将其插入上图②所示木板预留的位置中，并用力推进。

在重叠木板的两面涂抹热熔胶。

取出舵臂并嵌入上图所示位置后，再涂抹热熔胶。

9. 拼接顶板配件

取出如图①所示的木板，拼接并涂抹热熔胶。

10. 复原舵臂位置

取出数据线分别插入UNO板与USB接口，通电让舵臂恢复至初始位置，之后再拔掉电源。

11. 拼接顶板、左侧板

取出顶板，按上图①所示方向平移直至舵臂和舵机卡住。

取出印有“4”的木板，按上图②、③所示进行拼接并涂抹热熔胶。

12. 嵌入铆钉

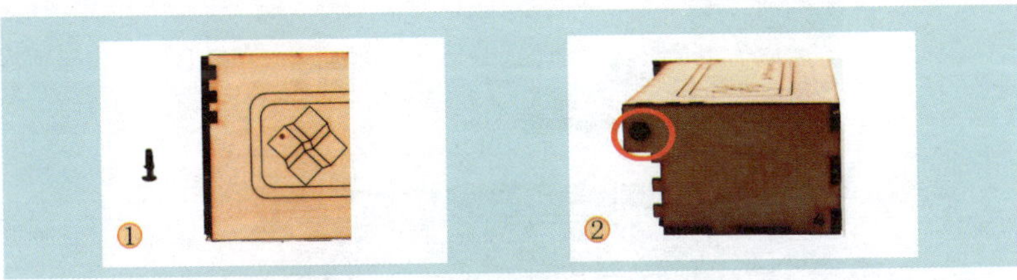

取出铆钉，将其嵌入上图②所示的位置以固定木板。

13. 拼接后板

取出印有“1”的木板，按上图所示拼接并涂抹热熔胶。

14. 特别说明

部分智能工具盒的顶板不能恰好合上，这是因为舵机的制造工艺有差，而导致舵机的初始角度有差。此处需要通过软件调试其初始角度，步骤如下：

(1) 扫右图二维码下载软件。

(2) 按照下载内容的 PDF 文档进行调试。

15. 参考程序

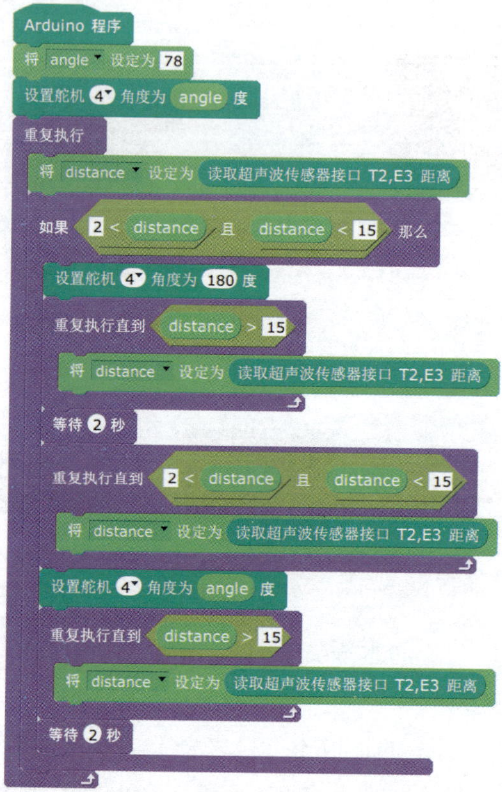
Arduino 程序
将 angle 设定为 78
设置舵机 4 角度为 angle 度
重复执行
将 distance 设定为 读取超声波传感器接口 T2,E3 距离
如果 2 < distance 且 distance < 15 那么
设置舵机 4 角度为 180 度
重复执行直到 distance > 15
将 distance 设定为 读取超声波传感器接口 T2,E3 距离
等待 2 秒
重复执行直到 2 < distance 且 distance < 15
将 distance 设定为 读取超声波传感器接口 T2,E3 距离
设置舵机 4 角度为 angle 度
重复执行直到 distance > 15
将 distance 设定为 读取超声波传感器接口 T2,E3 距离
等待 2 秒

吃金币怪兽

利用红外线光电开关感应，当你投放金币的时候，它会为你点赞鼓励。可以摆放在书桌上存放零钱。

创作器材

Arduino UNO板

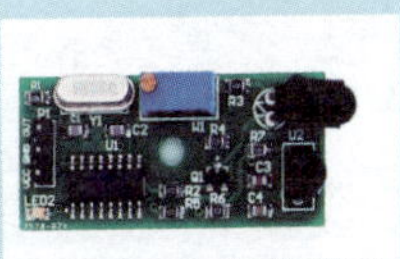

红外线光电开关

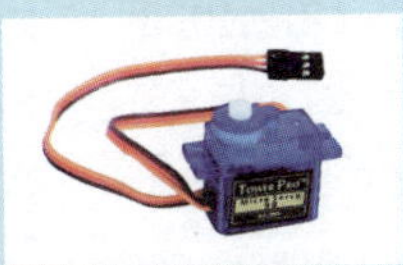

舵机

杜邦线

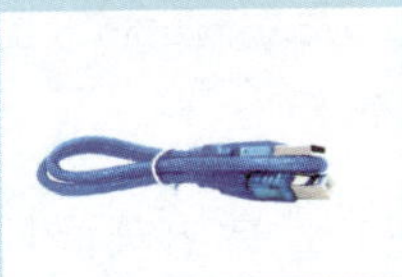

USB数据线

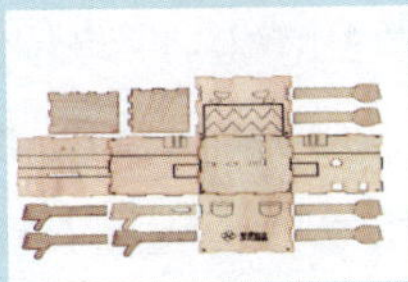

外观材料

创作步骤

1. 舵机接线

(1) 拿出舵机，按右图摆放并找到黄色引脚、红色引脚以及棕色引脚。

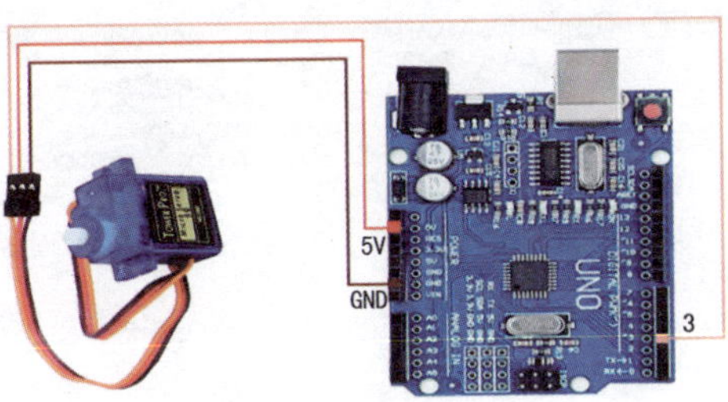

(2) 拿出 UNO 板，

按图摆放并找到数字口 3 引脚、GND 与 5V 的位置。

(3)拿出黄色引脚插在 UNO 板的数字 3 引脚；拿出红色引脚插在 5V 引脚；拿出棕色引脚插在 GND 引脚。

2. 红外线光电开关接线

(1)拿出红外线光电开关，按右图摆放并找到 VCC 引脚、GND 引脚以及 OUT 引脚。

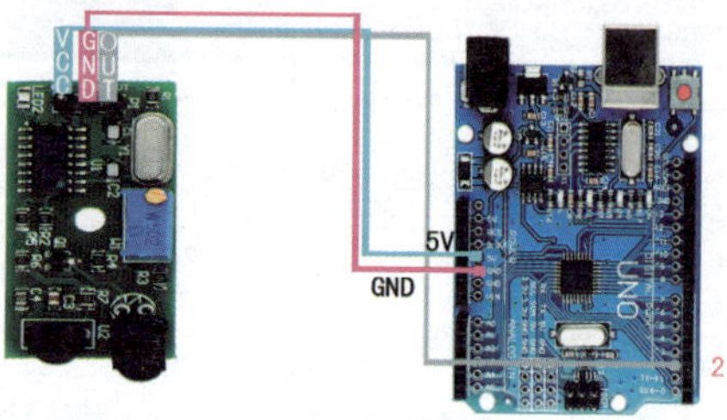

(2)拿出蓝色杜邦线并插在 VCC 引脚；拿出紫色杜邦线并插在 GND 引脚；拿出灰色杜邦线并插在 OUT 引脚。

(3)拿出 UNO 板，按上图摆放并找到数字口 2 引脚、5V 引脚以及 GND 引脚的位置。

(4)拿出蓝色杜邦线另一头插在 UNO 板的 VCC 引脚；拿出紫色杜邦线另一头插在 GND 引脚；拿出灰色杜邦线另一头插在数字口 2 引脚。

3. 组装部分木板外观并安装 UNO 板

找准编号，然后立起 3 个木板，接着在拼接处涂抹热熔胶。

取出已经接好线的 UNO 板，放置在木板上，然后涂抹热熔胶固定。

4. 组装舵机

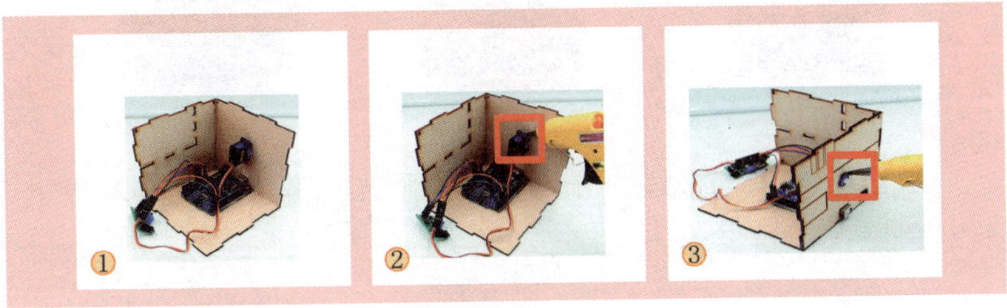

取出接好线的舵机，然后将舵机放置在木板的合适位置上，接着用热熔胶固定。

5. 组装盒子外观

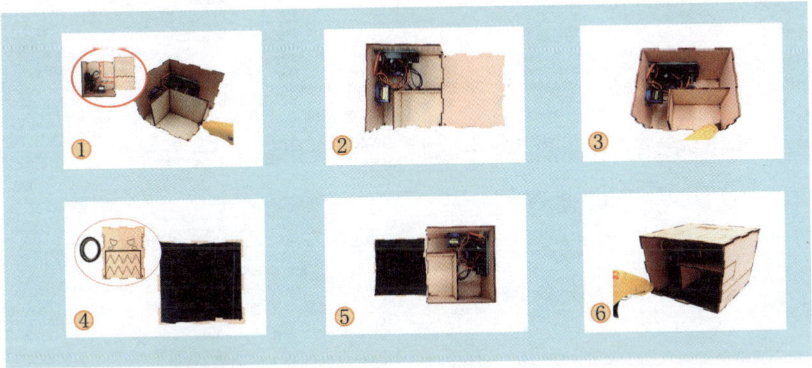

取出上图①所示两块木板，安装好并涂抹热熔胶固定。

取出上图②所示木板，按照编号组装，然后涂抹热熔胶固定。

拿出黑胶布，然后翻转前板，贴满黑胶布。

取出上图⑤所示木板，按照编号组装，并涂抹热熔胶固定。

6. 组装红外线光电开关

取出木板和接好线的光电开关，将光电开关放置在木板上，然后用螺丝固定后盖上盖子。

7. 组装“左手臂”

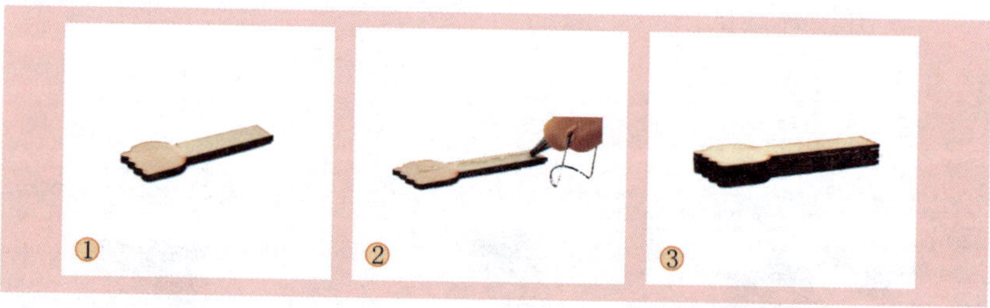

取出 4 块“左手臂”，并涂抹热熔胶拼装在一起。

8. 组装“右手臂”

取出 4 块“右手臂”，并涂抹热熔胶拼装在一起。(详见组装左手臂)

取出舵臂，并涂抹热熔胶拼装在“右手臂”上。

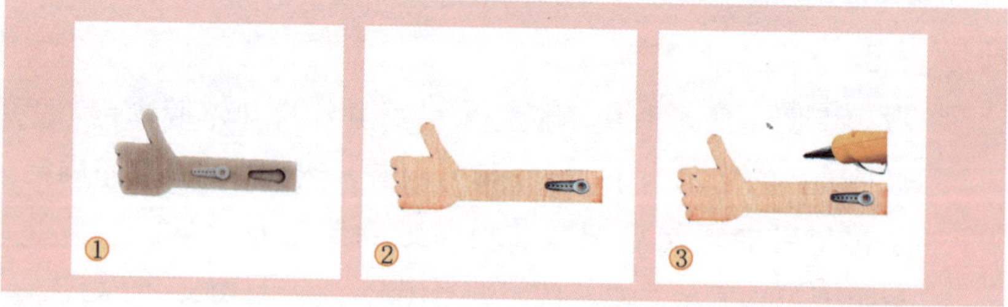

9. 组装金币怪兽“手臂”

取出组装好的左右“手臂”，将“左手臂”涂胶固定在盒子上，将“右手臂”的舵臂直接嵌进舵机口上。

10. 参考程序

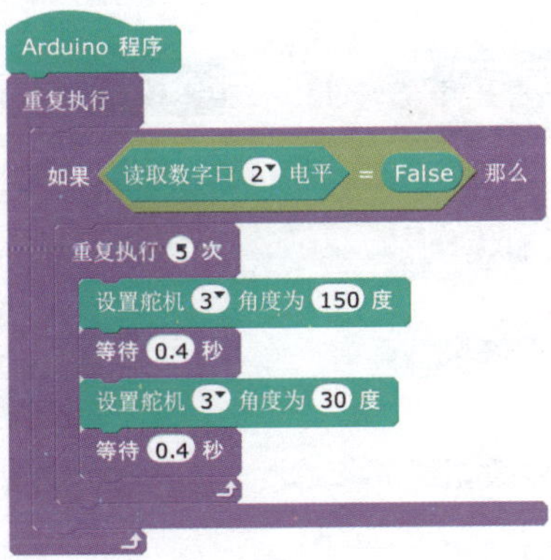

计 时 兽

当计时器通电后，LCD屏会显示时间，通过按钮可调节倒计时的时间，一旦倒计时结束，蜂鸣器便会发出声音提示。

创作器材

Arduino UNO板

三位独立按键模块

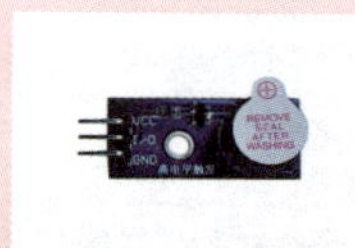
蜂鸣器

LCD屏

杜邦线

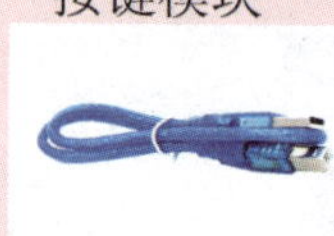
USB数据线

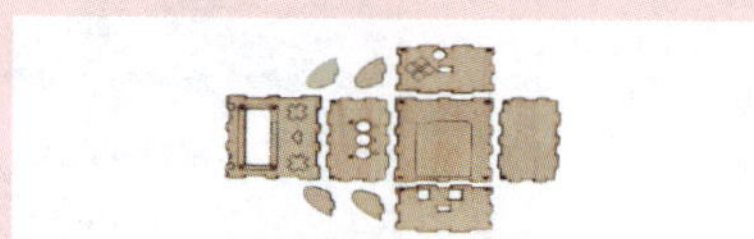
外观材料

创作步骤

1. 三位独立按键模块接线

(1)拿出三位独立按键模块，按下页上图摆放并找到VCC引脚、GND引脚、K1引脚、K2引脚以及K3引脚。

(2)拿出绿色杜邦线并插在VCC引脚；拿出黄色杜邦线并插在GNG引脚；拿出橙色杜邦线并插在K1引脚；拿出红色杜邦线并插在K2引脚；拿出棕色杜邦线并插在K3引脚。

(3) 拿出UNO板，按右图摆放并找到数字口5V引脚，GND引脚，数字口5、6、7引脚的位置。

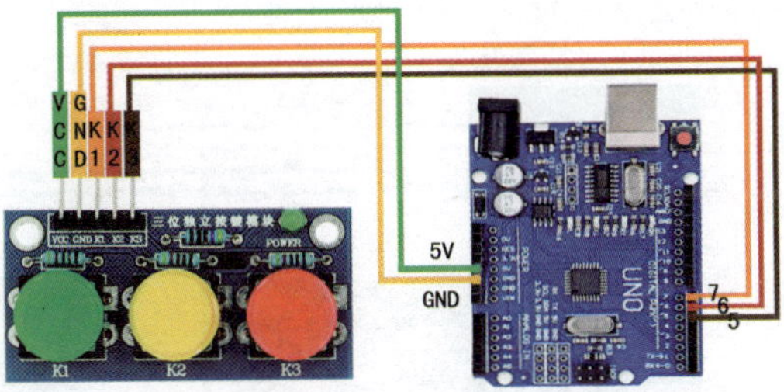

(4) 拿出绿色杜邦线另一头插在UNO板的5V引脚；拿出黄色杜邦线另一头插在GND引脚；拿出橙色杜邦线另一头插在数字口7引脚；拿出红色杜邦线另一头插在数字口6引脚；拿出棕色杜邦线另一头插在数字口5引脚。

2. 蜂鸣器接线

(1) 拿出蜂鸣器，按下图摆放并找到GND引脚、I/O引脚以及VCC引脚。

(2) 拿出灰色杜邦线并插在GND引脚；拿出紫色杜邦线并插在I/O引脚；拿出蓝色杜邦线并插在VCC引脚。

(3) 拿出UNO板，按右图摆放并找到3.3V、GND以及数字口4引脚的位置。

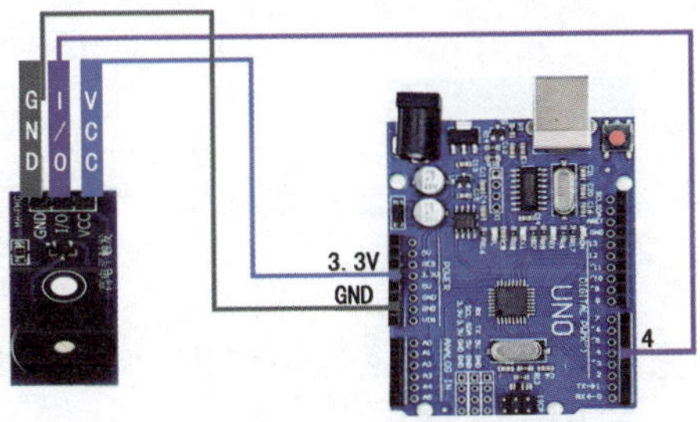

(4) 拿出灰色杜邦线另一头插在UNO板的GND引脚；拿出紫色杜邦线另一头插在数字4引脚；拿出蓝色杜邦线另一头插在3.3V引脚。

3. LCD 屏连接 UNO 板

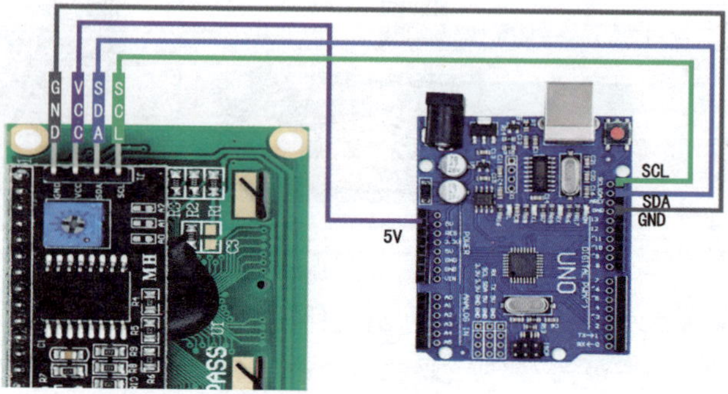

(1)拿出 LCD 屏，将其反转并找到 GND、VCC、SDA 以及 SCL 引脚。

(2)拿出灰色杜邦线并插在 GND 引脚；拿出紫色杜邦线并插在 VCC 引脚；拿出蓝色杜邦线并插在 SDA 引脚；拿出绿色杜邦线并插在 SCL 引脚。

(3)拿出 UNO 板，按上图所示找到 GND、VCC、SDA 以及 SCL 引脚。

(4)拿出灰色杜邦线的另一头并插在 GND 引脚；拿出紫色杜邦线的另一头并插在 VCC 引脚；拿出蓝色杜邦线的另一头并插在 SDA 引脚；拿出绿色杜邦线的另一头并插在 SCL 引脚。

4. 固定连接口

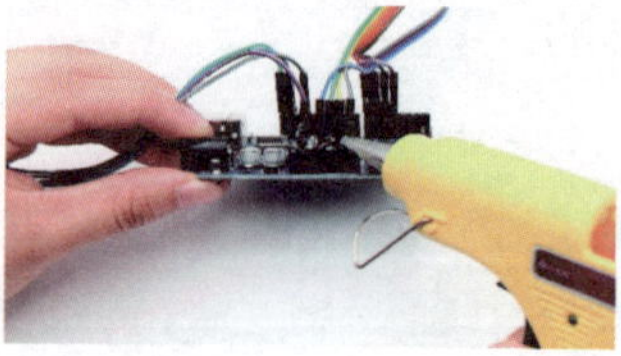

用热熔胶将杜邦线与各连接处固定。

5. 固定三位独立按键模块

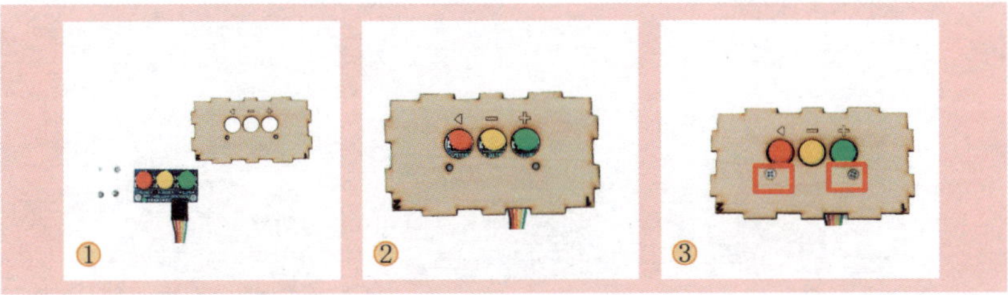

取出顶板、螺丝、螺母，然后用螺丝、螺母将三位独立按键模块固定在顶板上。

6. 固定蜂鸣器

取出右侧板，将蜂鸣器固定在右侧板的小孔中，然后用热熔胶固定。

7. 固定LCD屏

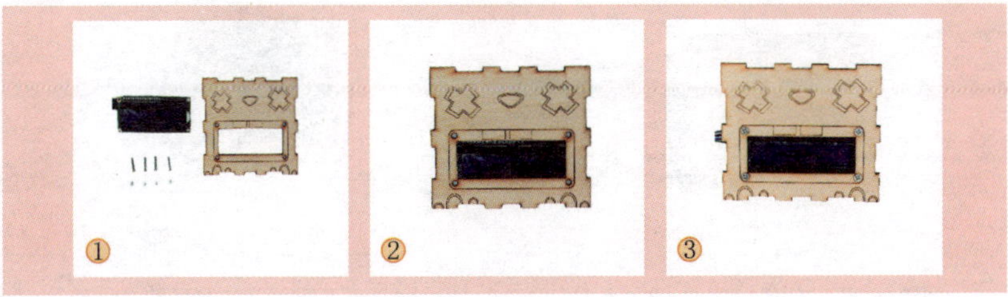

取出螺丝、螺母、LCD屏与前板，用螺丝将LCD屏固定在前

板上。

8. 拼接底板

取出底板与左侧板，拼接起来，然后用热熔胶固定。

9. 固定UNO板

将UNO板与底板拼接起来，然后用热熔胶固定。

10. 拼接外观

将顶板、侧板与主体拼接起来，然后用热熔胶固定。

11. 拼接底板

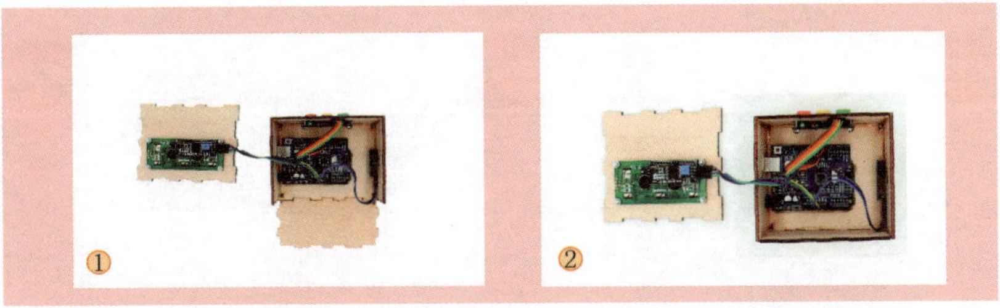

取出底板，将底板与主体拼接起来，然后用热熔胶固定。

12. 调节 LCD 屏

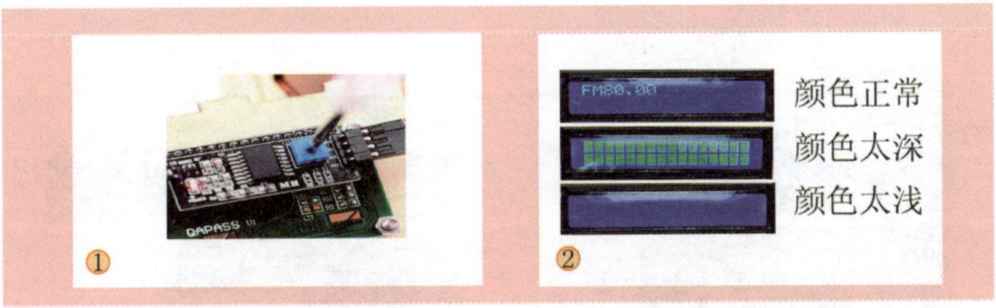

通电后，用螺丝刀调节 LCD 屏后面的电阻来调节显示屏的亮度。颜色深时逆时针旋转，颜色浅时顺时针旋转。

13. 拼接前板

将前板与主板拼接起来，然后用热熔胶固定。

14. 固定“小手”

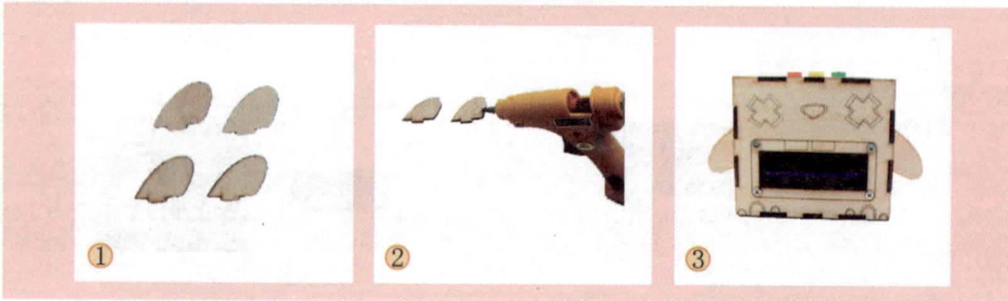

取出4块“小手”，将两块拼接一起，然后用热熔胶固定。将拼好的小手固定在主体上。两只“小手”都要拼接好。

15. 参考程序

接左程序

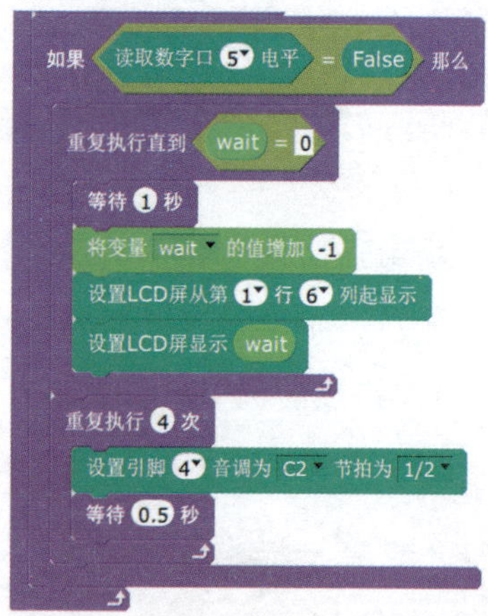

可爱的中国

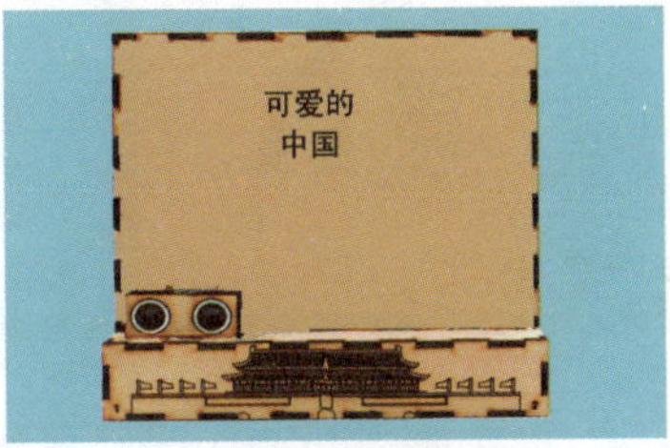

利用超声波传感器感应，当有人经过时，地图上就会产生颜色变换，可以摆放在书桌上或者客厅里。

创作器材

Arduino UNO板

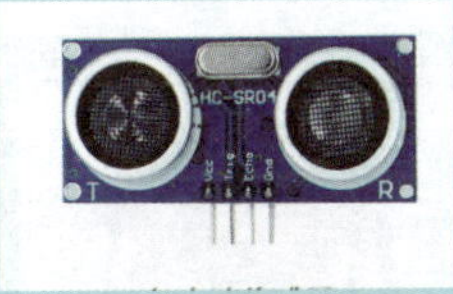
超声波传感器

LED灯带

USB数据线

杜邦线

外观材料

创作步骤

1. 组装木板盒子

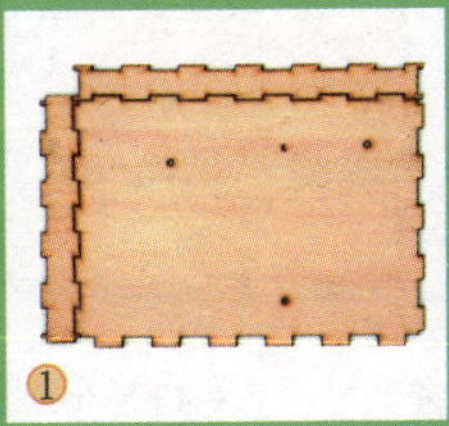
①

②

③

取出上图①所示木板，然后按照图示组装并涂抹热熔胶。

2. 组装螺丝

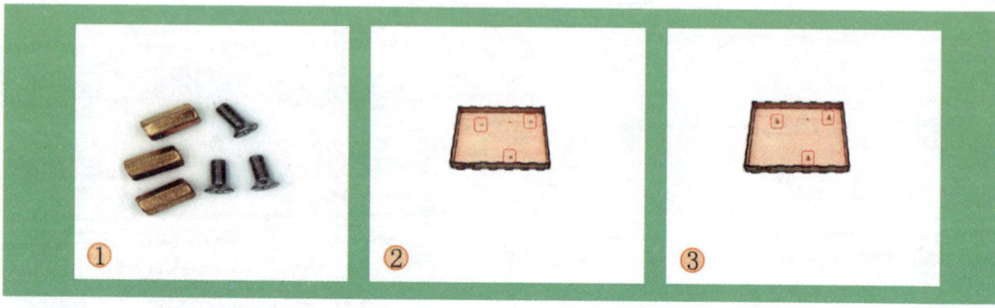

取出螺丝和铜柱，将螺丝放置在3个孔位上，然后用铜柱固定。

3. 组装LED灯带

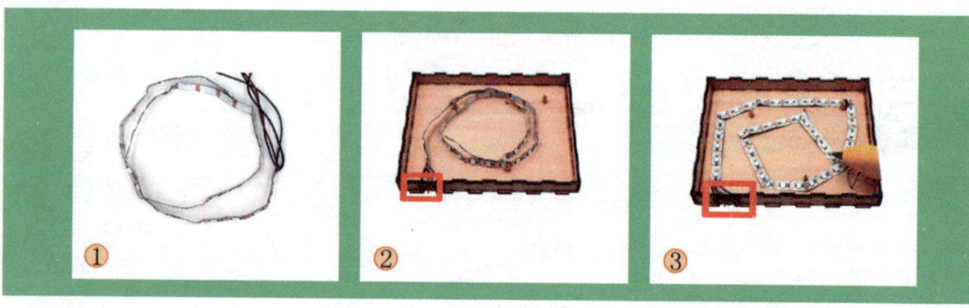

取出LED灯带，按照上图放置固定，并涂抹热熔胶。注意灯带的杜邦线按照颜色穿过木板孔。

4. 组装地图

取出螺丝和地图雕刻木板，将木板放置在3个铜柱孔位上，

然后用螺丝固定。将雕刻木板组装在盒子上并涂抹热熔胶。

5. 组装底板

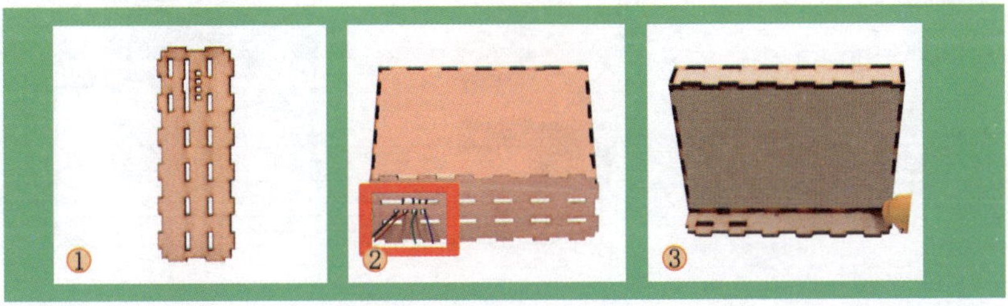

取出上图①所示木板，按照图标颜色将杜邦线穿过木板的4个孔，用热熔胶把底板固定在盒子上。注意底板的正反面不能混淆。

6. 组装超声波传感器并接线

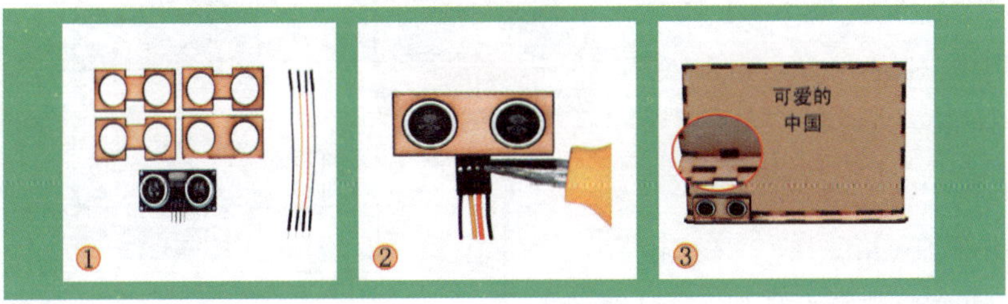

取出超声波模块、4块超声波模块固定板以及4条杜邦线（紫、黄、橙及灰色），组装一体后用热熔胶固定。

将连接在超声波模块的杜邦线从红色方框处的孔穿过，然后用热熔胶把超声波模块固定。

7. LED灯带的接线

(1) 拿出组装好的盒子，并找到蓝、绿、红、黑色4条杜邦线。

(2) 拿出UNO拓展板，找到数字口8、数字口9、数字口10以及数字口11引脚。

(3) 拿出黑色杜邦线的另一头并插在数字口 8 引脚；拿出红色杜邦线的另一头并插在数字口 9 引脚；拿出绿色杜邦线的另一头并插在数字口 10 引脚；拿出蓝色杜邦线的另一头并插在数字口 11 引脚。

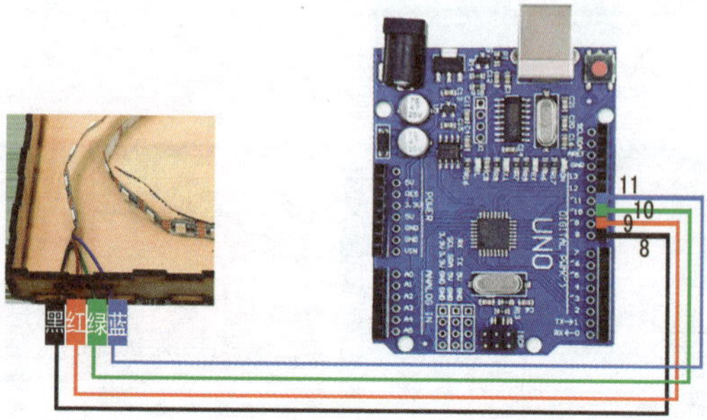

8. 超声波传感器的接线

(1) 拿出组装好的超声波传感器，并找到 GND、Echo、Trig、VCC 引脚。

(2) 拿出灰色杜邦线并插在 GND 引脚；拿出橙色杜邦线并插在 Echo 引脚；拿出黄色杜邦并插在 Trig 引脚；拿出紫色杜邦线并插在 VCC 引脚。

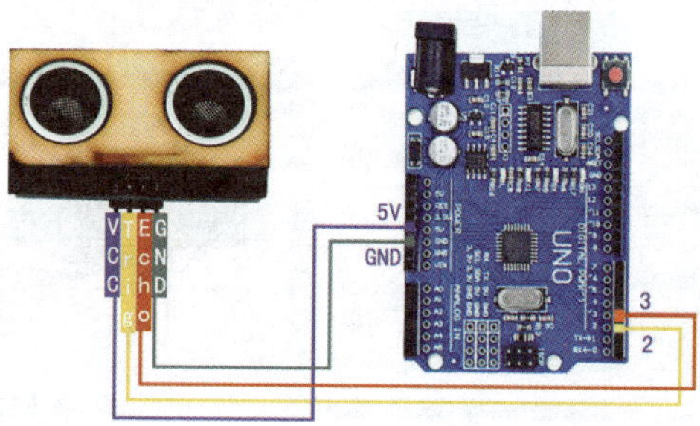

(3) 拿出 UNO 扩展板，找到 GND、5V、数字口 2 以及数字口 3 引脚。

(4) 拿出灰色杜邦线的另一头并插在 GND 引脚；拿出橙色杜邦线的另一头并插在数字口 3 引脚；拿出黄色杜邦线的另一头并插在数字口 2 引脚；拿出紫色杜邦线的另一头并插在 5V 引脚。

9. 固定连接口

连接好所有杜邦线，然后用热熔胶把杜邦线与各连接处固定。

10. 组装部分木板外观并安装UNO板

找准编号，然后立起3个木板，接着在拼接处涂抹热熔胶。取出已经接好线的UNO主板，放置在木板上，并用热熔胶固定。

11. 组装盒子

按照编号，将盒子外观组装完成，并涂抹热熔胶。然后将拼装好的两部分盒子涂抹热熔胶固定。

12. 参考程序

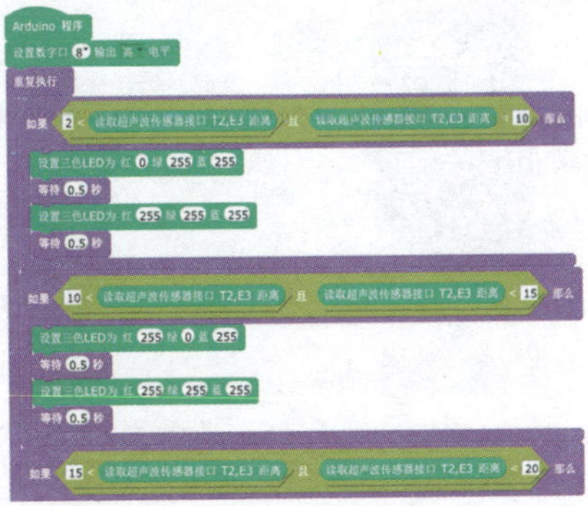

接左程序

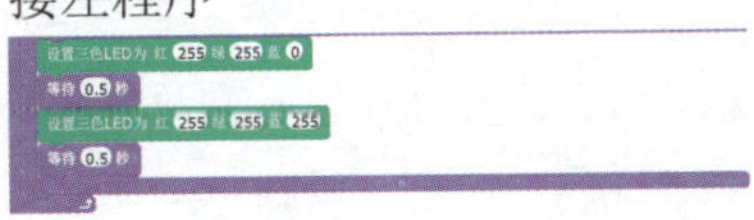

大 数 据

大数据是指无法在一定时间范围内用常规软件工具进行捕捉、管理和处理的数据集合，是需要新处理模式才能具有更强的决策力、洞察力和流程优化能力的海量、高增长率和多样化的信息资产。具有多元4V形式，即volume（大量）、velocity（高速）、variety（多样）、value（价值）。大数据是由许多来源搜集而来的庞大数据组，往往具有实时性。在企业对企业销售的情况下，这些数据可能来自社交网络、电子商务网站、顾客来访记录，还有许多其他来源。这些数据，并非公司顾客关系管理数据库的常态数据组。

特点

1. 数据体量巨大

从TB级别跃升到PB级别。

2. 数据类型繁多

如网络日志、视频、图片、地理位置信息等等。

3. 价值密度低

以视频为例，连续不间断监控过程中，可能有用的数据仅仅只有一两秒。

4. 处理速度快

在秒级时间范围内，给出分析结果，即1秒定律。

应用领域

大数据的颠覆和创新作用几乎在每个行业都有体现，包括网络日志、RFID、传感器网络、互联网文本；互联网搜索索引；呼叫详细记录；天文学、大气科学、基因组学、生物、地球、化学及其他复杂或跨学科的科研；军事侦察；医疗记录；摄影档案馆视频档案；大规模的电子商务等。如篮球比赛当中利用大数据对球员个人在比赛场上的数据分析，可以使比赛变得更加精彩。

身边的应用实例

某股份有限公司的小明，是个不折不扣的网购专家，区别于菜市场的费力砍价，小明的做法简单多了，登录各种比价网站，然后选择最便宜的正规店下单。小明通过比价网站对海量产品的信息抓取，比如抓取京东、天猫、苏宁易购的产品价格数据，然后将价格由低到高进行排列，这就是应用了大数据。

云 计 算

云计算是一种基于因特网的超级计算模式，在远程的数据中心里，成千上万台电脑和服务器连接成一片电脑云。因此，云计算甚至可以让你体验每秒10万亿次的运算能力。拥有这么强大的计算能力，可以用于模拟核爆炸、预测气候变化和市场发展趋势等。用户还可以通过电脑、手机等方式直接接入数据中心，按自己的需求进行运算。

特点

1. 超大规模

云计算具有相当大的规模，这一点在各个云计算巨头身上便可以体现。

2. 虚拟化

云计算可以使用户在任意时间、位置获取服务。云计算并不是固定的有形实体。在日常生活中，只需一个手机，便可以通过网络服务来获取我们需要的一切。

3. 高可靠性

“云”使用了数据多副本容错、计算节点同构可互换等措施来保障服务的高可靠性，使用云计算比使用本地计算机可靠。

4. 通用性

云计算不针对特定的应用，在“云”的支撑下可以构造出千变万化的应用，同一个“云”可以同时支撑不同的应用系统运行。

5. 高可扩展性

“云”的规模可以动态伸缩，满足应用和用户规模增长的需要。

6. 按需服务

“云”是一个庞大的资源池，你按需购买，“云”可以像自来水、电、燃气那样计费。

7. 极其廉价

由于云计算技术的发展，使用云计算技术可以大大降低企业在运营中的成本，而且效率会更高。

应用领域

云计算的作用几乎在每个行业都有体现，包括医药医疗领域、制造领域、金融领域、能源领域、电子政务领域、教育科研领域、环境保护领域、电信领域等等。

身边的应用实例

上海市浦东教育发展研究院与微软中国公共事业部教育团队展开深入的合作，引入微软私有云解决方案构建起一个整合资源的“浦东教育云”平台为全区教育事业提供信息化支撑。

量子科技

量子是光子、质子、中子、电子、介子等基本粒子的统称，是目前物理世界已知的最小基本微粒。量子信息学是量子力学与信息科学相结合的产物，是以量子力学态叠加原理为基础，研究信息处理的一门新兴前沿科学。量子信息学包括量子密码术、量子通信、量子计算机等几个方面，近年来在理论上和实验上都取得了重大的突破。

量子通信基于量子信息传输的高效性和绝对安全性，将会走向大规模应用——广泛应用于政府机关、金融机构、医疗机构、军工企业及科研院所等。

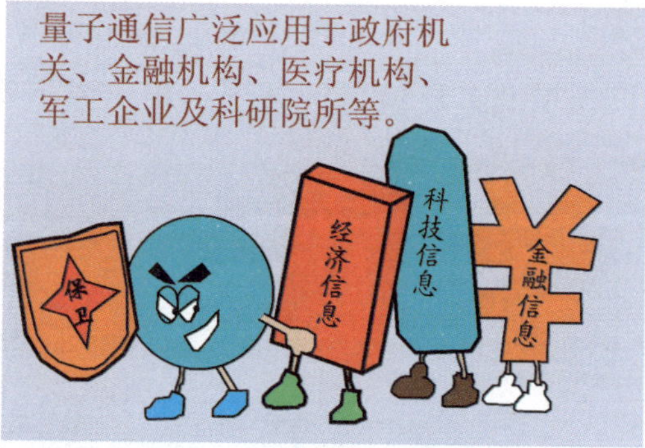

量子力学的研究进展导致了新兴交叉学科——量子信息学的诞生，为信息科学展示了美好的前景。另一方面，量子信息学的深入发展，遇到了许多新课题，反过来又有力地促进量子力学自身的发展。当前量子信息学无论在理论上，还是在实验上都在不断取得重要突破，从而激发了研究人员更多的研究热情。但是，实用的量子信息系统是宏观尺度上的量子体系，人们要想做到有效地制备和操作这种量子体系的量子态，目前还是十分困难的。

人工智能

人工智能（Artificial Intelligence，AI），是研究、开发用于模拟、延伸和扩展人的智能的理论、方法、技术及应用系统的一门新的技术科学。人工智能是计算机科学的一个分支，它企图了解智能的实质，并生产出一种新的能以人类智力相似的方式做出反应的智能机器，该领域的研究包括机器人、语言识别、图像识别、自然语言处理和专家系统等。人工智能从诞生以来，理论和技术日益成熟，应用领域也不断扩大，可以设想，未来人工智能带来的科技产品，将会是人类的“智慧容器”。

人工智能是对人的意识、思维信息过程的模拟。人工智能不是人的智能，但能像人那样思考，在某些领域中甚至可能超过人的智能水平。

人工智能影响

1. 人工智能对自然科学的影响

在需要使用数学计算机工具解决问题的学科，AI带来的帮助不言而喻。更重要的是，AI反过来有助于人类最终认识自身智能的形成。

2. 人工智能对经济的影响

专家系统更深入各行各业，带来巨大的宏观效益。AI 也促进了计算机工业和网络工业的发展。但同时，也带来了劳务就业问题。由于 AI 在科技和工程中的应用，能够代替人类进行各种技术工作和脑力劳动，会造成社会结构的剧烈变化。

3. 人工智能对社会的影响

AI 也为人类文化生活提供了新的模式。现有的游戏将逐步发展为更高智能的交互式文化娱乐手段，今天，游戏中的人工智能应用已经深入到各大游戏制造商的开发中。

伴随着人工智能和智能机器人的发展，不得不讨论的是人工智能本身就是超前研究，需要用未来的眼光开展现代的科研，因此很可能触及伦理底线。作为科学研究可能涉及的敏感问题，需要对可能产生的冲突及早预防，而不是等到问题或矛盾到了不可解决的时候才去想办法化解。

实际应用

(1) 机器视、听、触、感觉及思维方式的模拟。主要应用在机器视觉、指纹识别、人脸识别、视网膜识别、虹膜识别、掌纹识别、专家系统、自动规划、智能搜索、定理证明、博弈、自动程序设计、智能控制、机器人学、语言和图像理解、遗传编程等。

(2) 机器翻译，智能控制，专家系统。主要应用在机器人学、语言和图像理解、遗传编程机器人工厂、自动程序设计、航天应用、庞大的信息处理、储存与管理、执行化合生命体无法执行的或复杂或规模庞大的任务等。

高铁运输

高铁就是高速铁路，是指通过改造原有的线路（直线化、轨距标准化），使运营速度不小于200千米/时，或专门修建新的“高速新线”，使运营速度达到300千米/时以上的铁路系统。

主要优势

1. 载客量高

无论是高速公路或机场都会发生挤塞。高速铁路的优点是载客量非常高。

2. 耗时少

除最高运行速度外，旅客更关心的是旅行时间。

3. 安全性好

高速铁路由于在全封闭环境中自动化运行，又有一系列完善的安全保障系统，所以其安全程度是任何交通工具无法比拟的。

4. 正点率高

高速铁路全部采用自动化控制，可以全天候运营，除非发生地震。

5. 舒适方便

座席宽敞舒适，走行性能好，运行非常平稳。列车减震、隔音，车内很安静。乘坐高速列车旅行几乎无不便之感。

6. 能耗较低

如果以“人／千米”单位能耗来进行比较的话。高速铁路为 1，则小轿车为 5，大客车为 2，飞机为 7。

高速列车利用电力牵引，不消耗宝贵的石油等液体燃料，可利用多种形式的能源。

社会效益

1. 总体情况

对沿线地区经济发展起到了推进和均衡作用；促进了沿线城市经济发展和国土开发；促进沿线企业数量增加，使国家和地方税收相应增加；节约能源并减少环境污染。

2. 带动经济

使沿线城市焕发新活力。高速铁路对中国工业化和城镇化的发展起到了非常重要的促进作用，促使高速铁路沿线中心城市与卫星城镇选择重新布局——以高速铁路中心城市辐射和带动周边城市同步发展。

新能源汽车

新能源汽车是指采用非常规的车用燃料作为动力来源（或使用常规的车用燃料、采用新型车载动力装置），综合车辆的动力控制和驱动方面的先进技术，形成技术原理先进，具有新技术、新结构的汽车。

优点

1. 节约能源

一般用电力、天然气、氢气、石油气、太阳能作为动力。

2. 减少废气排放，有效保护环境

纯电动汽车不产生尾气，没有污染。氢发动机汽车排放出的是水，其具有无污染、零排放、储量丰富等优势。

3. 效率高

一般新能源汽车采用新技术、新结构，使它的效率更高。

4. 噪声低

只有机械传动、制动时磨擦产生的噪声。

人脸识别

人脸识别，是基于人的脸部特征信息进行身份识别的一种生物识别技术。用摄像机或摄像头采集含有人脸的图像或视频流，并自动在图像中检测和跟踪人脸，进而对检测到的人脸信息进行一系列相关技术加工处理，形成有价值的信息，通常也叫做人像识别、面部识别技术。

应用前景

人脸识别产品已广泛应用于金融、司法、军队、公安、边检、政府、航天、电力、工厂、教育、医疗、商业及众多企事业单位等领域。随着技术的进一步成熟和社会认同度的提高，人脸识别技术将应用在更多的领域。

1. 企业、住宅安全和管理

如人脸识别门禁考勤系统、人脸识别防盗门等。

2. 电子护照及身份证

我国正在加紧规划和实施中国的电子护照计划。

3. 公安、司法和刑侦

如利用人脸识别系统和网络，在全国范围内搜捕逃犯。

4. 自助服务

如考试、自助购物商店、银行自助办理等。

5. 信息安全

如计算机登录、电子商务和电子政务。在电子商务中交易全部在网上完成，电子政务中的很多审批流程也都搬到了网上。而当前，交易或者审批的授权多是靠密码来实现的，如果密码被盗，就无法保证安全。但是使用生物特征，就可以做到当事人在网上的数字身份和真实身份统一，从而大大提高电子商务和电子政务系统的可靠性。

移动支付

移动支付也称为手机支付，其原理就是允许用户使用其移动终端（通常是手机）对所消费的商品或服务进行账单支付的一种服务方式。单位或个人通过移动设备、互联网或者近距离传感直接或间接向银行金融机构发送支付指令产生货币支付与资金转移行为，从而实现移动支付功能。移动支付将终端设备、互联网、应用提供商以及金融机构相融合，为用户提供货币支付、缴费等金融业务。

移动支付主要分为近场支付和远程支付两种，所谓近场支付，就是用手机刷卡的方式坐车、买东西等，很便利。远程支付是指通过发送支付指令（如网银、电话银行、手机支付等）或借助支付工具（如通过邮寄、汇款等）进行的支付方式。

特征

移动支付属于电子支付方式的一种，因而具有电子支付的特征，但因其与移动通信技术、无线射频技术、互联网技术相互融合，又具有自己的特征。

1. 移动性

随身携带的移动性，消除了距离和地域的限制。结合了先进的移动通信技术的移动性，用户可随时随地获取所需要的服务、应用、信息及娱乐。

2. 及时性

不受时间地点的限制，信息获取更为及时，用户可随时对账户进行查询、转账或消费。

3. 定制化

基于先进的移动通信技术和简易的手机操作界面，用户可定制自己的消费方式和个性化服务，账户交易更加简单方便。

4. 集成性

以手机为载体，通过与终端读写器近距离识别进行的信息交互，运营商可以将移动通信卡、公交卡、地铁卡、银行卡等各类账户信息整合到以手机为平台的载体中进行集成管理，并搭建与之配套的网络体系，从而为用户提供十分方便的支付以及身份认证渠道。移动支付业务是由移动运营商、移动应用服务提供商和金融机构共同推出的，构建在移动运营支撑系统上的一个移动数据增值业务应用。移动支付系统将为每个移动用户建立一个与其手机号码关联的支付账户，其功能相当于电子钱包，为移动用户提供了一个通过手机进行交易支付和身份认证的途径。用户通过拨打电话、发送短信或者使用WAP功能接入移动支付系统，移动支付系统将此次交易的要求传送给MASP，由MASP确定此次交易的金额，并通过移动支付系统通知用户，在用户确认后，付费方式可通过多种途径实现，如直接转入银行、用户电话账单或者实时在专用预付账户上借记，这些都将由移动支付系统（或与用户和MASP开户银行的主机系统协作）来完成。

3D 打印机

3D 打印技术是快速成型技术的一种，它是一种以三维模型文件为基础，运用粉末状金属、液体树脂或塑料等可黏合材料，通过逐层打印的方式来构造物体的技术。

日常生活中使用的普通打印机可以打印电脑设计的平面物品，而所谓的 3D 打印机与普通打印机工作原理基本相同，只是打印材料有些不同，普通打印机的打印材料是墨水和纸张，而 3D 打印机内装有金属、陶瓷、塑料、砂等不同的"打印"材料，是实实在在的原材料，打印机与电脑连接后，通过电脑控制可以把"打印"材料一层层叠加起来，最终把计算机上的蓝图变成实物。通俗地说，3D 打印机是可以"打印"出真实的 3D 物体的一种设备，比如打印一个机器人，打印玩具车，打印各种模型，甚至是食物等等。之所以通俗地称其为"打印机"是参照了普通打印机的技术原理，因为分层加工的过程与喷墨打印十分相似。这项打印技术称为 3D 打印技术。

应用领域

3D 打印技术可用于珠宝、制鞋、工业设计、建筑、工程和施工（AEC）、汽车、航空航天、牙科和医疗产业、教育、地理信息系统、土木工程和许多其他领域。常常在模具制造、工业设计等领域被用于制造模型或者用于一些产品的直接制造，这意味着这项技术正在普及。通过 3D 打印机也可以打印出食物，这是 3D 打印机未来的一个发展方向。

无 人 机

无人驾驶飞机简称“无人机”，是利用无线电遥控设备和自备的程序控制装置操纵的不载人飞机，或者由机载计算机完全地或间歇地自主操作。

应用

1. 民用

在警用、城市管理、农业、地质、气象、电力、抢险救灾、视频拍摄等行业，无人机的用途广泛。

2. 军用

无人机用途广泛，成本低，效率较高；无人员伤亡风险；生存能力强，机动性能好，使用方便，在现代战争中有极其重要的作用。

侦察无人机用于完成战场侦察和监视、定位校射、毁伤评估、电子战等；如边境巡逻、核辐射探测、航空摄影、航空探矿、灾情监视、交通巡逻、治安监控等。无人靶机可作为火炮、导弹的靶标。

身边的应用实例——电力巡检

装配有高清数码摄像机和照相机以及GPS定位系统的无人机，可沿电网进行定位自主巡航，实时传送拍摄影像，监控人员可在电脑上同步收看与操控。

无人驾驶汽车

无人驾驶汽车是一种智能汽车，也可以称之为轮式移动机器人，主要依靠车内的以计算机系统为主的智能驾驶仪来实现无人驾驶。无人驾驶汽车集自动控制、体系结构、人工智能、视觉计算等众多技术于一体，是计算机科学、模式识别和智能控制技术高度发展的产物，也是衡量一个国家科研实力和工业水平的一个重要标志，在国防和国民经济领域具有广阔的应用前景。

主要特点

1. 安全稳定

无人驾驶汽车不仅可帮助减少车祸发生率，还能大幅降低交通拥堵情况。

2. 自动泊车

自动泊车不仅可帮助减少车辆损坏，还能大幅增加泊车位。

机器人

机器人是自动执行工作的机器装置。它既可以接受人类指挥，又可以运行预先编排的程序，也可以根据以人工智能技术制定的原则纲领行动。它的任务是协助或取代人类工作，例如生产业、建筑业或其他危险的工作。

机器人分类

1. 工业机器人

可以替代人进行焊接、组装、刷漆等。

2. 服务接待型机器人

可提供迎宾、翻译、语音等服务。

3. 水下机器人

可用于安全搜救、能源产业、渔业等。

4. 农业机器人

可用于施肥、除草、分拣果实等方面。

5. 家庭机器人

可用于打扫房间、做饭、陪伴孩子玩耍等。

智能家居

智能家居是以住宅为平台，利用综合布线技术、网络通信技术、安全防范技术、自动控制技术、音视频技术将家居生活有关的设施集成，构建高效的住宅设施与家庭日程事务的管理系统，提升家居安全性、便利性、舒适性、艺术性，并实现环保节能的居住环境。

主要功能

1. 家庭设备自动化

家电的智能控制和远程控制、交互式智能控制、自动维护功能。

2. 家庭设备通讯

智能家居内有各种设备相互可以通讯，根据不同的状态互动运行，从而给用户带来最大程度的高效、便利、舒适和安全。

3. 安防监控

智能安防可以实时监控火灾、燃气泄漏、非法闯入和紧急呼救等。

4. 无线化

智能遥控器、移动触摸屏、电脑、手机等智能操作终端使我们能随时掌控家庭的控制系统，随时获取需要的信息。

物 联 网

物联网是新一代信息技术的重要组成部分，也是“信息化”时代的重要发展阶段内容。物联网就是物物相连的互联网。有两层意思：其一，物联网的核心和基础仍然是互联网，是在互联网基础上延伸和扩展的网络；其二，其用户端延伸和扩展到了任何物品之间，进行信息交换和通信，也就是物物相息。物联网通过智能感知、识别技术与普适计算等通信感知技术，广泛应用于网络的融合中，也因此被称为继计算机、互联网之后世界信息产业发展的第三次浪潮。物联网是互联网的应用拓展，与其说物联网是网络，不如说物联网是业务和应用。因此，应用创新是物联网发展的核心，以用户体验为核心的创新 2.0 是物联网发展的灵魂。

国际电信联盟发布的《ITU 互联网报告》，对物联网做了如下定义：“通过二维码识读设备、射频识别装置、红外感应器、全球定位系统和激光扫描器等信息传感设备，按约定的协议，把任何物品与互联网相连接，进行信息交换和通信，以实现智能化识别、定位、跟踪、监控和管理的一种网络”。

应用模式

1. 对象的智能标签

通过二维码、RFID 等技术标识特定的对象，用于区分对象个体，例如在生活中我们使用的各种智能卡、条码标签的基本用途就是用来获得对象的识别信息；此外智能标签还可以用于获得对象物品所包含的扩展信息，例如智能卡上的金额余额、二维码中所包含的网址和名称等。

2. 环境监控和对象跟踪

利用多种类型的传感器和分布广泛的传感器网络，可以实现对某个对象实时状态的获取和特定对象行为的监控，如使用分布在市区的各个噪声探头监测噪声污染，通过二氧化碳传感器监控大气中二氧化碳的浓度，通过GPS标签跟踪车辆位置，通过交通路口的摄像头捕捉实时交通流程等。

3. 对象的智能控制

物联网基于云计算平台和智能网络，可以依据传感器网络用获取的数据进行决策，改变对象的行为进行控制和反馈。例如根据光线的强弱调整路灯的亮度，根据车辆的流量自动调整红绿灯间隔等。

用途范围

物联网用途广泛，遍及智能交通、环境保护、政府工作、公共安全、平安家居、智能消防、工业监测、环境监测、路灯照明管控、景观照明管控、楼宇照明管控、广场照明管控、老人护理、个人健康、花卉栽培、水系监测、食品溯源、敌情侦查和情报搜集等多个领域。

应用案例

物联网传感器产品已率先在上海浦东国际机场防入侵系统中得到应用。系统铺设了3万多个传感节点，覆盖了地面、栅栏和低空探测，可以防止人员的翻越、偷渡、恐怖袭击等攻击性入侵。上海世界博览会使用了中国科学院无锡高新微纳传感网工程技术研发中心防入侵微纳传感网共1500万元的产品。

网上购物

网上购物，就是先在互联网检索商品信息，通过电子订购单发出购物请求，然后填上支付信息，厂商通过邮购的方式发货，或是通过快递公司送货上门。中国国内的网上购物，一般付款方式是款到发货(直接银行转账、在线汇款)，担保交易则是货到付款等。

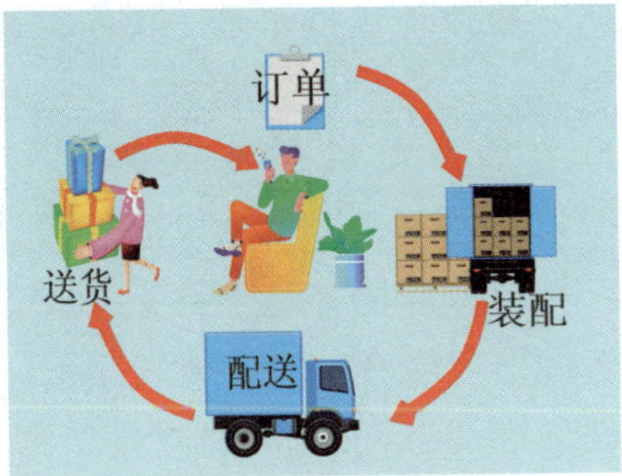

优点

1. 方便

在家购买商品，购买不受时间、地点的限制。

2. 信息量大

获得较大量的商品信息，可以买到当地没有的商品。

3. 安全

网上支付较传统现金支付更加安全，可避免现金丢失或遭到抢劫。

4. 省力

从买货到货物上门无须亲临现场。既省时，又省力。

5. 便宜

由于网上销售省去租店面、招雇员及储存保管等一系列费用，商品价格较一般商场的同类商品更便宜。

VR虚拟现实

虚拟现实技术是一种可以创建和体验虚拟世界的计算机仿真系统，它利用计算机生成一种模拟环境，是一种多源信息融合的交互式的三维动态视景和实体行为的系统仿真，提供使用者关于视觉、听觉、触觉等感官的模拟，用户如同身临其境一般，可以及时、没有限制地观察三度空间内的事物。

实际应用

1. 工业仿真

虚拟现实技术的应用对企业提高开发效率，加强数据采集、分析、处理能力，减少决策失误，降低企业风险起到了重要的作用。

2. 医学应用

在虚拟环境中，可以建立虚拟的人体模型，可以让学生很容易了解人体内部各器官结构。医生在动手术之前，可以通过虚拟现实技术，在显示器上重复地模拟手术，寻找最佳手术方案并提高熟练度。

3. 教育

虚拟现实应用于教育是教育技术发展的一个飞跃。它营造了“自主学习”的环境，由传统的“以教促学”的学习方式代之为学习者通过自身与信息环境的相互作用来得到知识、技能的新型学习方式。

4. 设计

虚拟数字地球、道路桥梁、地理等，对城市规划、国土管理都有很大的作用。

5. 研究

利用虚拟仿真技术研究和表现生物力学，不但可以提高运动物体的真实感，满足运动生物力学专家的计算要求，还可以大大节约研发成本，降低数据分析难度，提高研发效率。

智能穿戴设备

智能穿戴设备是应用穿戴式技术对日常穿戴进行智能化设计、开发出可以穿戴的设备的总称，如手表、手环、眼镜、服饰等。人通过智能穿戴设备可以更好地感知外部与自身的信息，获得专属数据计算结果，并享有专属的个性化服务。

应用

1. 在运动健身户外领域

以轻量化的手表、手环、配饰为主要形式，实现运动数据的监测、分析与服务。

2. 在医疗保健领域

以专业化方案提供血压、心率等医疗体征的检测与处理，形式包括医疗背心、腰带、植入式芯片等。穿戴设备收集的信息可以直接发送到医院，实行对患者的跟踪管理。